高等职业院校互联网+新形态创新系列教材·计算机系列

Python 程序设计项目教程
(微课版)

汪 忆 武飞飞 谭晶晶 主 编

周 沁 张二兵 程书红 陈素琼 副主编

U0368765

清华大学出版社
北京

内 容 简 介

本书用简练的语言对项目任务进行分解，将学习 Python 语言必须掌握的知识进行了分类归纳，易学易用。书中每个任务涉及了若干知识点，每个任务都能解决实际开发中的一些问题。初学者需要先模仿任务，获得直接体验；然后再学习和任务直接相关的知识。书中所有知识都结合具体实例进行介绍，并在代码中给出了详细的注释，读者可轻松领会 Python 的精髓。通过各个项目的模仿学习，读者能够逐步形成完整的知识体系，达到快速提升开发技能的目的。

本书主要面向 Python 程序设计初学者，可作为高等职业院校各专业 Python 程序设计相关课程的教材，还可作为广大 Python 爱好者的自学参考用书。

图书在版编目(CIP)数据

Python 程序设计项目教程：微课版 / 汪忆，武飞飞，谭晶晶主编. -- 北京：清华大学出版社，2025. 4.
(高等职业院校互联网+新形态创新系列教材). -- ISBN 978-7-302-68500-5

Ⅰ. TP312.8

中国国家版本馆 CIP 数据核字第 2025EE4602 号

责任编辑：石　伟
封面设计：刘孝琼
责任校对：李玉茹
责任印制：丛怀宇
出版发行：清华大学出版社
　　　　　网　　址：https://www.tup.com.cn, https://www.wqxuetang.com
　　　　　地　　址：北京清华大学学研大厦 A 座　　　　邮　　编：100084
　　　　　社 总 机：010-83470000　　　　　　　　　　邮　　购：010-62786544
　　　　　投稿与读者服务：010-62776969, c-service@tup.tsinghua.edu.cn
　　　　　质量反馈：010-62772015, zhiliang@tup.tsinghua.edu.cn
　　　　　课件下载：https://www.tup.com.cn, 010-62791865
印 装 者：天津鑫丰华印务有限公司
经　　销：全国新华书店
开　　本：185mm×260mm　　　印　　张：14.5　　　字　　数：352 千字
版　　次：2025 年 4 月第 1 版　　　印　　次：2025 年 4 月第 1 次印刷
定　　价：49.00 元

产品编号：097398-01

前　言

Python 是一种跨平台、交互式、面向对象、解释型的计算机程序设计语言，它具有丰富和强大的库，能够把用其他语言开发的各种模块很轻松地联结在一起。Python 简单易学、开源免费，应用领域广泛。随着 Python 自身功能的完善以及其生态系统的扩展，Python 在 Web 开发、数据分析与数据挖掘、人工智能等应用方面逐渐占据领导地位，成为人们学习编程的首选语言，因此越来越多的人开始学习和使用 Python。

本书按照"学中做，做中学"的教学思路，立足"教、学、做"一体化，把项目开发过程分解成一个个小任务，学习者可以根据一个个分解出来的任务，以"先操作，后学习；先模仿，再超越"的学习模式，在学习过程中体会学习的乐趣。

本书遵循工作过程系统化课程开发理论，打破传统的章节编写模式，采用"以项目为载体，以任务为驱动"的思路将知识学习与技能训练融为一体，使读者能够快速掌握 Python 程序设计必备基础理论知识，培养 Python 编程技能，养成良好的编码习惯，全面提升自身综合素质和职业素养。为深刻贯彻《职业教育改革实施方案》中的"探索组建高水平、结构化教师教学创新团队，教师分工协作进行模块化教学"要求，本书对模块化教学实施路径进行了一次有力探索与实践。本书共包括 7 个项目，主要内容如下。

项目 1 主要介绍 Python 语言的时代背景、作用、特点、优势以及各个版本的差异与特点。通过本项目的学习，读者还可以掌握 Python 的下载及安装、正确部署 Python 开发环境的方法。

项目 2 主要介绍 Python 常用数据类型。通过本项目的学习，可以了解 Python 中常用的基本数据类型、运算符及表达式的使用，能够根据实际问题选用合适的数据类型并完成相应的运算。

项目 3 主要介绍 Python 流程控制语句。通过本项目的学习，可以掌握 Python 的三种基本控制结构的使用，能够熟练使用三种基本控制结构编写相应的程序解决实际问题。

项目 4 主要介绍 Python 复合数据类型。通过本项目的学习，可以掌握 Python 中列表、元组、字典、集合和字符串常用序列的使用，能够熟练使用不同序列完成批量数据的处理。

项目 5 主要介绍 Python 文件处理。通过本项目的学习，可以了解并掌握 Python 中文件和目录的基本操作，能够熟练使用文件完成数据的导入与导出。

项目 6 主要介绍 Python 函数与模块的相关知识。通过本项目的学习，可以了解结构化程序设计方法和 Python 函数式编程思想，掌握 Python 中函数的使用，能够熟练使用函数解决实际问题。

项目 7 主要介绍 Python 面向对象编程。通过本项目的学习，可以了解面向对象编程的基本思想，掌握 Python 中面向对象编程方法，能够使用面向对象编程解决相应问题。

本书由重庆城市管理职业学院汪忆、武飞飞、谭晶晶、周沁、张二兵、程书红、陈素琼编写。具体分工为：项目 2、项目 7 由汪忆编写；项目 1、项目 3 由武飞飞编写；项目 4 由周沁编写；项目 5 由张二兵编写；项目 6 由谭晶晶编写。汪忆负责全书的逻辑框架设计与全书统稿工作，程书红、陈素琼及中国电子系统技术有限公司陈荔岩参与了本书的审阅、勘误和资料整理工作。本书的编写工作得到了各位同事及中国电子系统技术有限公司的大力支持和帮助,在此一并表示衷心的感谢!在本书的编写过程中参考了许多相关的文献资料,在此向这些文献的作者表示衷心的感谢!尽管我们在编写过程中精心组织、力求准确,但书中难免会出现错误和不足之处,恳请广大读者给予批评和指正,在此深表谢意!

  本书附有全套的配套视频、教学 PPT、项目源代码等资源,并可提供全套的一流线上精品课程的所有动画、视频、代码等精品资源,读者可以扫描书中二维码获取。

编 者

Python 程序设计教程-源代码

目　　录

习题案例答案及
课件获取方式

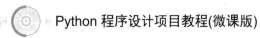

项目 1

初识 Python——Python 开发环境及工具

案例导入

目前，计算机已应用于人类日常生活的各个场景。对于初次接触编程的读者而言，Python有着优雅、明确、简单的设计理念，具有语法简单、开发速度快、容易学习等特点，它无疑是最为简洁、易上手的编程语言。Python 的英文本义是"蟒蛇"，其标志如图 1-1 所示。

图 1-1　Python 的标志

要使用 Python，首先需要从官网下载 Python 安装包，并正确地安装和配置环境，保证Python 解释器能够正常运行。

任务导航

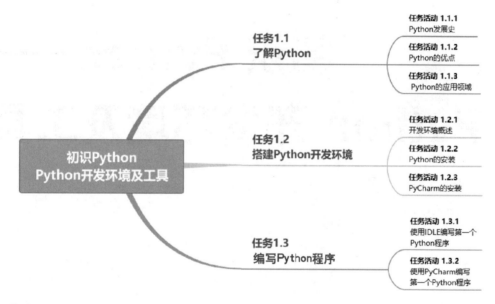

学习目标

知识目标

1. 了解 Python 的作用、特点和优势。
2. 了解 Python 的版本差异及特点。
3. 掌握 Python 的下载及安装。

技能目标

1. 能够了解 Python 在现代 IT 行业中的作用和地位。
2. 能够描述 Python 语言的特点和功能。
3. 能够通过官方渠道获取软件安装包并正确安装。

素养目标

1. 引导学生建立自己的学习方式，培养自主学习的能力。
2. 培养学生积极探索、勇于创新的科学素养。
3. 养成小组沟通协作共同学习的习惯、解决问题的能力和团队合作精神。

任务 1.1　了解 Python

【任务描述】

了解 Python 的起源、特点、发展，能够在互联网中搜索常见的 Python 应用，能够了解 Python 在 IT 行业中的作用和地位。

【任务分析】

通过教材、互联网等渠道了解 Python 的起源、特点、发展及应用。

了解 Python

【任务实施】

任务活动 1.1.1　Python 发展史

Python 是一种跨平台、开源、免费、解释型的高级编程语言。近几年，Python 发展势头迅猛，在 2022 年 8 月的 TIOBE 编程语言排行榜中荣登榜首，C 语言和 Java 语言分列第二名和第四名，如图 1-2 所示。

Dec 2023	Dec 2022	Change		Programming Language	Ratings	Change
1	1			Python	13.86%	-2.80%
2	2		C	C	11.44%	-5.12%
3	3		C	C++	10.01%	-1.92%
4	4			Java	7.99%	-3.83%
5	5		C	C#	7.30%	+2.38%
6	7	^	JS	JavaScript	2.90%	-0.30%
7	10	^	php	PHP	2.01%	+0.39%
8	6	v	VB	Visual Basic	1.82%	-2.12%
9	8	v	SQL	SQL	1.61%	-0.61%
10	9	v	ASM	Assembly language	1.11%	-0.76%
11	21	^		Scratch	1.08%	+0.41%
12	26	^	F	Fortran	1.07%	+0.64%

图 1-2　2022 年 8 月 TIOBE 编程语言排行榜

Python 的应用领域非常广泛，如 Web 开发、图形处理、自动化运维、数据处理和科学计算等。

那么，Python 是如何诞生的呢？1989 年圣诞节期间，荷兰的吉多·范罗苏姆(Guido van Rossum)感觉假日无趣，想起自己曾参与设计的一种优美与强大并存，但最终惨遭失败的语言 ABC，寻思不如开发一个新的脚本解释程序用于继承 ABC 语言，于是 Python 诞生了。

Python 自发布以来，主要经历了三个版本，分别是 1994 年发布的 Python 1.0 版本(已过时)、2000 年发布的 Python 2.0 版本(已停止更新)和 2008 年发布的 Python 3.0 版本(截至目前，Python 已更新到 3.10.x 版本)。本书将使用 Python 3.10，带大家领略 Python 的魅力。

任务活动 1.1.2　Python 的优点

Python 主要有以下三个优点。

1. 简洁

(1) 开发同功能的程序，Python 代码的行数往往只有 C、C++、Java 代码行数的 1/5～1/3。

(2) 语法优美。Python 语言是高级语言，它的代码接近人类语言，只要掌握由英语单词表示的助记符，就能大致读懂 Python 代码。

(3) 简单易学。Python 是一种简单易学的编程语言，它使编程人员更注重解决问题，而非语言本身的语法和结构。Python 的语法简洁明了，易于学习和使用。这使开发者可以快速掌握 Python 编程，从而更容易在不同平台上进行开发。

2. 开源

Python 是 FLOSS(自由/开放源码软件)之一，用户可以自由地下载、复制、阅读、修改代码。

3. 可移植性

可移植性是指程序能够在不同的硬件平台和操作系统上运行，而无须或仅需少量修改。Python 作为一种高级编程语言，具有良好的可移植性，这使它成为许多开发者的首选语言。首先，Python 的跨平台特性使开发者可以在不同的操作系统(如 Windows、Linux、Mac OS 等)上编写和运行代码，而无须担心兼容性问题。这大大节省了开发时间和成本，提高了开发效率。其次，Python 拥有丰富的库和模块，这些库和模块在各种平台上都有良好的支持。这意味着开发者可以利用现有的资源，快速实现所需的功能，而无须从头开始编写代码。最后，Python 的可移植性还体现在其与多种编程语言的互操作性。例如，Python 可以通过 C 扩展、Cython 等方式与其他语言(如 C、C++、Java 等)进行交互，这使开发者可以在不同语言之间轻松迁移代码。Python 的可移植性为开发者提供了极大的便利，使他们能够在不同平台和环境中高效地进行软件开发。

任务活动 1.1.3　Python 的应用领域

Python 是一种功能强大，并且简单易学的编程语言，那么 Python 能做什么呢？下面进行具体的介绍。

1. Web 开发

在 Web 开发领域，Python 就像是一颗冉冉升起的新星。尽管 PHP、JavaScript 目前依然是 Web 开发的主流语言，但 Python 上升势头迅猛。尤其是随着 Python 的 Web 开发框架(如 Django、Flask、Tornado、Web2py 等)逐渐成熟，程序员可以更轻松地开发、管理复杂的 Web 程序。国内一些公司(如豆瓣、美团、饿了么等)都会使用 Python。不仅如此,全球最大的视频网站 YouTube 也是用 Python 实现的。

2. 大数据处理

随着近几年大数据技术的兴起,Python 也得到了广泛的应用。借助第三方的大数据处理框架,使用 Python 可以轻松地开发出大数据处理平台。到目前为止,Python 是金融分析、量化交易领域里使用最多的语言之一。

3. 人工智能

人工智能(artificial intelligence,AI)是当前非常热门的一个技术领域。如果要评选当前最热门、工资最高的 IT 职位,那么一定非人工智能领域的工程师莫属。人工智能的核心是机器学习,机器学习的研究可分为传统机器学习和深度学习,它们被广泛地应用于图像识别、智能驾驶、智能推荐、自然语言处理等领域。在众多编程语言中,Python 绝对是人工智能的首选语言,因为在人工智能领域使用 Python 比使用其他编程语言具有更大的优势,比如,它简单、可扩展(主要体现在可以应用多个优秀的人工智能框架),可以满足人工智能领域中的大多数需求。

4. 科学计算

Python 在科学计算领域发挥了独特的作用。通过强大的支持模块,Python 可以在计算大型数据、矢量分析、神经网络等方面高效地完成工作,尤其是在教育科研方面,可以发挥出独特的优势。

5. 网络爬虫

Python 语言很早就用来编写网络爬虫,如谷歌(Google)等搜索引擎公司大量地使用 Python 语言编写网络爬虫。从技术层面上讲,Python 提供了很多服务于编写网络爬虫的工具,如 urllib、Selenium、Beautiful Soup 等,还提供了一个网络爬虫框架 Scrapy。在网络爬虫领域,Python 可以说是一枝独秀。

6. 游戏开发

很多游戏使用 C++编写图形显示等高性能模块,而使用 Python 或 Lua 编写游戏的逻辑。与 Python 相比,Lua 的功能更简单,体积更小;而 Python 则支持更多的特性和数据类型。除此之外,Python 可以直接调用 OpenGL 实现 3D 绘制,这是高性能游戏引擎的技术基础。事实上,有很多用 Python 语言实现的游戏引擎,如 Pygame、Pyglet、Cocos2D 等。

7. 自动化运维

所谓自动化运维,实际上就是利用一些开源的自动化工具来管理服务器,比如,业界流行的 Ansible(基于 Python 开发),能帮助运维工程师解决重复性的工作。Python 作为一种脚本语言,提供了诸多方便与服务器交互的软件包,比如,Python 标准库中包含了多个可用来调用操作系统功能的库。一般来说,使用 Python 编写的系统管理脚本,无论是可读性、性能,还是代码复用性和扩展性等方面,都要优于使用 Shell 语言编写的脚本。

【任务评估】

本任务的任务评估表如表 1-1 所示,请根据学习实践情况进行评估。

表 1-1　自我评估与项目小组评价

任务名称					
小组编号		场地号		实施人员	
自我评估与同学互评					
序　号	评 估 项	分　值	评估内容		自我评价
1	任务完成情况	30	按时、按要求完成任务		
2	学习效果	20	学习效果符合学习要求		
3	笔记记录	20	记录规范、完整		
4	课堂纪律	15	遵守课堂纪律,无事故		
5	团队合作	15	服从组长安排,团队协作意识强		
自我评估小结					
任务小结与反思:通过完成上述任务,你学到了哪些知识或技能? 组长评价: 					

搭建 Python 开发环境

任务 1.2　搭建 Python 开发环境

【任务描述】

掌握在互联网中获取 Python 开发环境的各种渠道。登录并浏览 Python 官网，尝试阅读 Python 的官方介绍以及版本更新介绍，找到 Python 解释器的下载链接，从而正确地搭建 Python 开发环境。建议至少掌握一种常用集成开发环境的使用方法。

【任务分析】

在前面的小节中，已经介绍了 Python 的强大功能，如果想要正常地使用 Python 进行开发，首先要在官方网站上获取正版 Python 安装包，并安装 Python 解释器。为了提高开发效率，还需要下载并安装 PyCharm。

【任务实施】

任务活动 1.2.1　开发环境概述

"工欲善其事，必先利其器"，在进行 Python 开发前，首先需要搭建 Python 开发环境。Python 是跨平台的，因此，可以在多个操作系统上进行安装和使用。不同操作系统对应 Python 版本说明如表 1-2 所示。

表 1-2　不同操作系统对应 Python 版本说明

操作系统	说　明
Windows	推荐使用 Windows 10/11 系统，Windows 7 不适合 Python 3.9 及以上版本
Mac OS	自带 Python
Linux	自带 Python

任务活动 1.2.2　Python 的安装

进行 Python 开发，需要先安装 Python 解释器。因为 Python 是解释型编程语言，所以需要一个解释器，这样才能运行代码。下面将以 Windows 操作系统为例介绍如何安装 Python 解释器。

(1) 打开浏览器(如 Google Chrome 浏览器)，进入 Python 官方网站，网站地址是 https://www.python.org/。Python 官网首页如图 1-3 所示。

(2) 单击 Downloads 标签，打开下载选项卡。由于本书基于 Windows 10 x64 位系统做开发，这里默认显示 Windows 环境下的下载推荐。单击 Python 3.10.7 按钮，进入下载页面(见图 1-4)。

(3) 在下载页面中，会显示 Python 最新版本，以及其他历史版本的下载链接。单击 Latest Python 3 Release-Python 3.10.7 超链接(见图 1-5)。

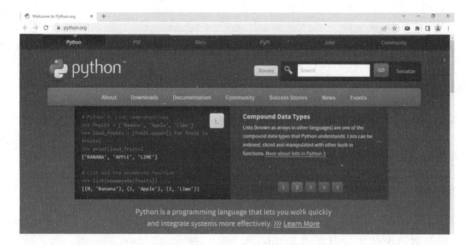

图 1-3　Python 官网首页

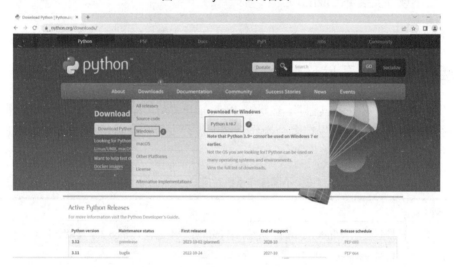

图 1-4　单击 Python 3.10.7 按钮

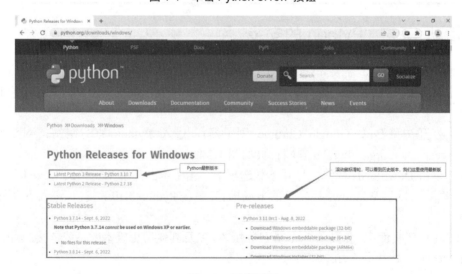

图 1-5　下载页面

(4)　进入 Python 下载详情页。向下滚动鼠标滑轮，找到产品列表。单击 Windows Installer(64-bit)超链接进行下载即可，如图 1-6 所示。

图 1-6　下载最新版 Python

(5)　下载完成后会得到一个名为"python-3.10.7-amd64.exe"的文件，即为 Python 解释器安装文件。双击该文件并运行，会弹出 Python 3.10.7 (64-bit) Setup 对话框，选中 Add Python 3.10 to PATH 复选框，选择 Install Now 选项，开始安装(见图 1-7)。

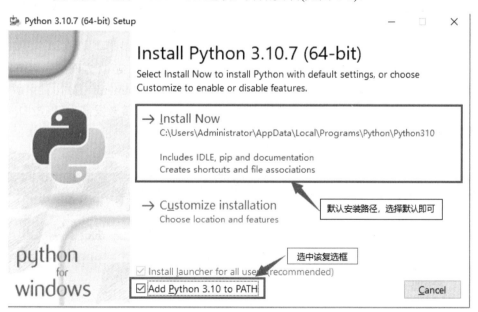

图 1-7　安装最新版 Python

(6)　经过几秒的初始化及安装，如果出现如图 1-8 所示的画面，就证明安装成功。单击 Close 按钮，安装结束。

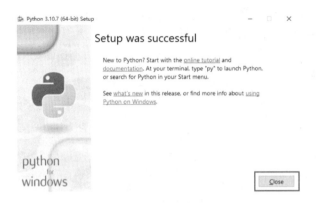

图 1-8　安装成功

任务活动 1.2.3　PyCharm 的安装

使用 IDE(integrated development environment，集成开发环境)有很多好处，除了代码自动补全和语法高亮显示，常见的 IDE 还具有项目管理、代码跳转、代码分析、断点执行等功能。Python 集成开发环境是帮助提升开发效率的重要工具，IDLE 作为 Python 自带的开发环境，它的功能有些简陋。下面介绍一款优秀的 IDE。

PyCharm 带有一整套可以帮助用户在使用 Python 语言开发时提高效率的工具，比如调试、语法高亮显示、项目管理、代码跳转、智能提示、自动完成、单元测试、版本控制。此外，该 IDE 还提供了一些高级功能，用于支持 Django 框架下的专业 Web 开发。同时 PyCharm 还支持 Google App Engine 及 IronPython。PyCharm 有收费的专业版和免费的社区版，读者可以访问它的官方网站来下载安装包。

(1) 打开浏览器(如 Google Chrome 浏览器)，进入 PyCharm 官方网站，官方网址是 http://www.jetbrains.com/pycharm/download/。在下载时，选择 Community 版本(社区版)即可。虽然社区版本在功能上较专业版稍有逊色，但足以满足读者的日常开发需求。单击 Download 按钮即可自动下载软件，如图 1-9 所示。

图 1-9　下载社区版 PyCharm

（2）下载完成后会得到一个名为"pycharm-community-2022.1.exe"的文件，即为 PyCharm 安装包。双击该安装包，运行安装程序，弹出 PyCharm Community Edition Setup 对话框。可以单击 Browse 按钮更改安装路径，这里使用默认安装路径，单击 Next 按钮，如图 1-10 所示。

（3）建议选中对话框中的 4 个复选框，如图 1-11 所示。

图 1-10 PyCharm 安装路径   图 1-11 PyCharm 安装配置项

（4）在"开始"菜单中创建 PyCharm 的快捷方式 JetBrains，然后单击 Install 按钮开始安装，如图 1-12 所示。

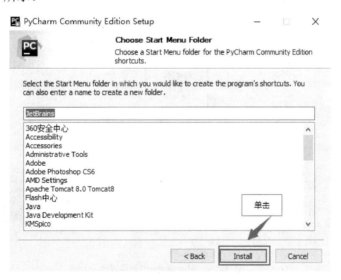

图 1-12 创建文件夹

（5）进入安装完成界面，可以根据需要选中 Reboot now(立即重启)单选按钮或者选中 I want to manually reboot later(稍后重启)单选按钮，单击 Finish 按钮完成安装，如图 1-13 所示。

（6）双击桌面上的 PyCharm 快捷方式图标，会弹出如图 1-14 所示的对话框。因为是第一次使用 PyCharm，所以不需要导入以前的配置，选中 Do not import settings 单选按钮，单击 OK 按钮，加载 PyCharm 程序。

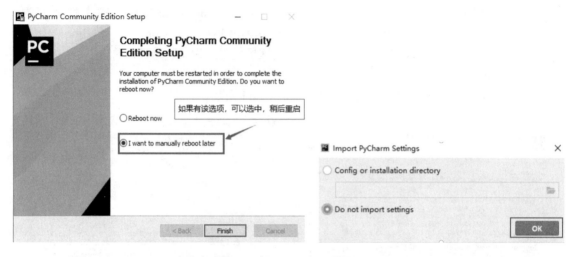

图 1-13　PyCharm 安装完成界面　　　　图 1-14　Import PyCharm Settings 对话框

（7）　PyCharm 加载完成后，会出现欢迎界面，如图 1-15 所示。单击 New Project 按钮，进入新工程创建界面。

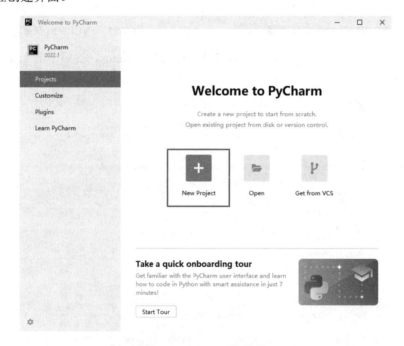

图 1-15　PyCharm 欢迎界面

（8）　在 E 盘下，新建一个名为 projects 的文件夹，作为本书所有项目的管理目录，在目录后面输入工程名 test，并核对工程默认的解释器路径是否正确，单击 Create 按钮，新工程创建成功，如图 1-16 所示。

（9）　项目创建成功后，进入 PyCharm 工作界面，如图 1-17 所示。

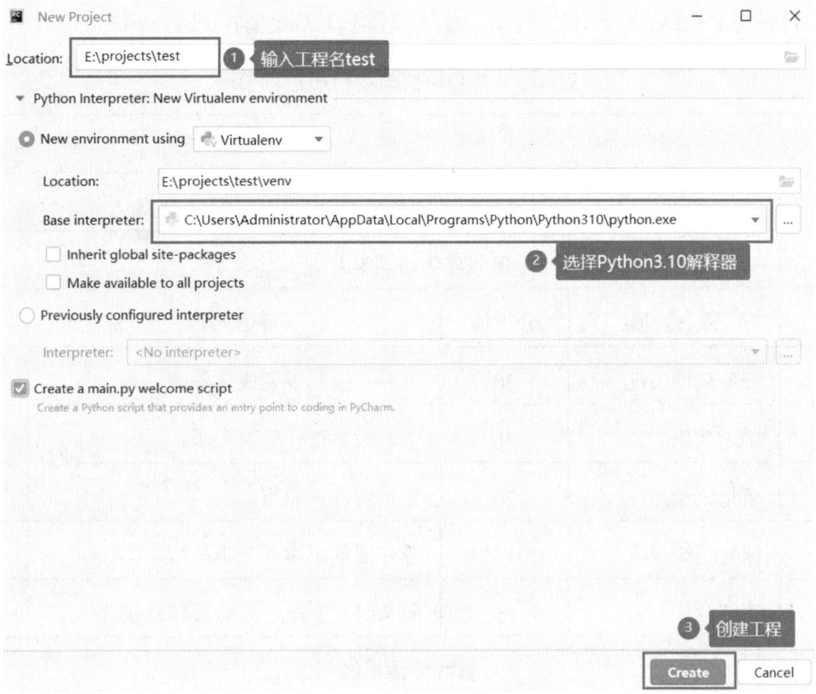

图 1-16　新工程创建界面

图 1-17　PyCharm 工作界面

【任务评估】

本任务的任务评估表如表 1-3 所示，请根据学习实践情况进行评估。

表 1-3　自我评估与项目小组评价

任务名称					
小组编号		场地号		实施人员	
自我评估与同学互评					
序　号	评估项	分　值	评估内容		自我评价
1	任务完成情况	30	按时、按要求完成任务		
2	学习效果	20	学习效果符合学习要求		
3	笔记记录	20	记录规范、完整		
4	课堂纪律	15	遵守课堂纪律，无事故		
5	团队合作	15	服从组长安排，团队协作意识强		
自我评估小结					

任务小结与反思：通过完成上述任务，你学到了哪些知识或技能？

组长评价：

任务 1.3　编写 Python 程序

【任务描述】

编写第一个 Python 程序，打印输出"2022 年 9 月 3 日是中国人民抗日战争胜利 77 周年纪念日！"

【任务分析】

1. 使用交互式编程的方式输出字符串。
2. 使用编写源文件的方式输出字符串。
3. 使用 PyCharm 编写源文件的方式输出字符串。

【任务实施】

任务活动 1.3.1　使用 IDLE 编写第一个 Python 程序

1．交互式编程

(1) 在"开始"菜单中找到 Python 3.10 安装目录，双击 IDLE(Python3.10 64bit)快捷方式图标，即运行交互式编程环境。在交互式编程界面，当看到光标闪烁时，即可输入代码，按 Enter 键运行，如图 1-18 所示。

```
IDLE Shell 3.10.7                         —    □    ×
File  Edit  Shell  Debug  Options  Window  Help
Python 3.10.7 (tags/v3.10.7:6cc6b13, Sep  5 2022,
14:08:36) [MSC v.1933 64 bit (AMD64)] on win32
Type "help", "copyright", "credits" or "license()"
for more information.
>>>
```

图 1-18　IDLE 交互式编程环境界面

(2) 在交互式编程环境中，可以输入 Python 代码，结合任务中的要求，可以使用 print() 函数打印输出字符串，如图 1-19 所示。

2．源文件方式

(1) 运行交互式编程环境，方法同上。选择 File | New File 命令，生成空白源文件，按 Ctrl+S 快捷键，弹出"另存为"对话框，在"文件名"文本框中输入 Object1-1.py，单击"保存"按钮保存文件。在 Object1-1.py 文件中书写代码并保存。单击 Run 菜单，选择 Run Module 命令，即可调用 Python 解释器，解释运行 Object1-1.py 源文件(也可以按 F5 键直接运行解释器，对源文件进行解释运行)，如图 1-20 所示。

图 1-19　交互式环境输出字符串

图 1-20　编写源文件输出字符串

(2)　运行结果如图 1-21 所示。

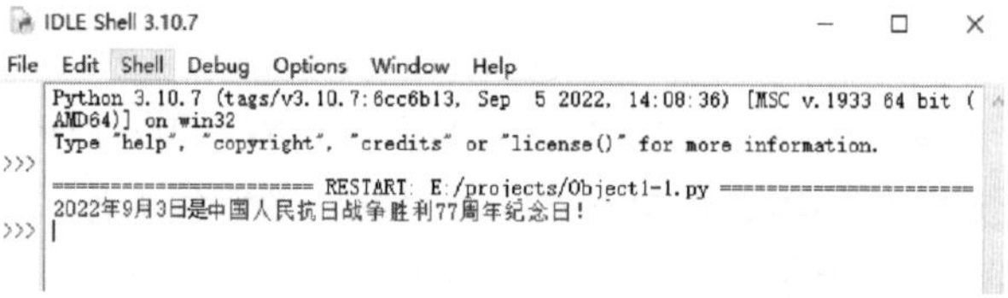

图 1-21　源文件运行结果

任务活动 1.3.2　使用 PyCharm 编写第一个 Python 程序

(1)　双击桌面上的 PyCharm 快捷方式图标，当 PyCharm 加载完成后，会出现欢迎界面，如图 1-22 所示。单击 New Project 按钮，进入新工程创建界面。

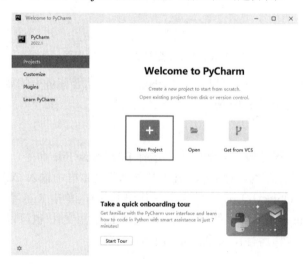

图 1-22　PyCharm 欢迎界面

（2）在 E 盘下，新建一个名为 projects 的文件夹，作为本书所有项目的管理目录，在目录后面输入工程名 project1，并核对工程默认的解释器路径是否正确，单击 Create 按钮，新工程创建成功，如图 1-23 所示。

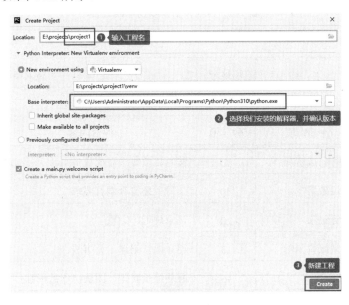

图 1-23　创建工程界面

（3）在 project1 工程中，PyCharm 会自动生成一个名为 main.py 的源码文件，这个文件里的代码可以全部删掉，然后自己手动输入需要的代码，如图 1-24 所示。

图 1-24　新建工程并输入代码

（4）新代码编写完成后，按 Ctrl+S 快捷键进行保存。然后单击 Run 菜单，单击 Run main.py 按钮解释运行代码(也可以按 Shift+F10 快捷键解释运行代码)，运行结果会显示在控制台区域，如图 1-25 所示。

图 1-25　PyCharm 中程序运行结果

【任务评估】

本任务的任务评估表如表 1-4 所示，请根据学习实践情况进行评估。

表 1-4 自我评估与项目小组评价

任务名称					
小组编号		场地号		实施人员	
自我评估与同学互评					
序　号	评估项	分　值	评估内容		自我评价
1	任务完成情况	30	按时、按要求完成任务		
2	学习效果	20	学习效果符合学习要求		
3	笔记记录	20	记录规范、完整		
4	课堂纪律	15	遵守课堂纪律，无事故		
5	团队合作	15	服从组长安排，团队协作意识强		
自我评估小结					

任务小结与反思：通过完成上述任务，你学到了哪些知识或技能？

　组长评价：

项 目 总 结

【项目实施小结】

Python 是一种简单易学、用途多样、非常流行的高级编程语言。它的应用十分广泛，包括传统软件开发、自动化运维、硬件测试、网站建设、网络安全、数据分析、科学计算、人工智能、虚拟现实等领域。在开发过程中，书写的代码经常要重复执行或在将来需要时执行，这就需要保存代码到文件中，因此就需要使用文本编辑器。这里不建议使用 Windows 记事本，因为它的开发体验非常差，并且容易出现编码错误。为了满足以后工作中繁重的编码需求，这里要求读者能熟练使用至少一种开发工具并能熟悉其快捷键的使用，这会大大提高开发效率。通常在中小型项目中会选择文本编辑器 Sublime text、Notepad++、VS Code 等；大型项目中选择大型综合 IDE，如 PyCharm 等。

【举一反三能力】

1. 了解其他文本编辑器，如 Sublime text、Notepad++、UltraEdit、VS Code 等，找到适合自己的开发工具。

2. 选择自己喜欢的 IDE，并熟悉其常用快捷键。

【对接产业技能】

1. 正确理解 Python 在各应用领域中的体现形式，包括 Web 开发、自动化运维、自动化办公等方面。

2. 把握 Python 几大就业方向与岗位技能之间的关系，制订合理的学习计划。

项目拓展训练

【基本技能训练】

通过项目学习，回答以下问题。

1. Python 在各个领域中有哪些代表性的应用？

2. 交互式运行代码是解释型语言的特有功能吗？

3. 将.py 文件关联到 Python 解释器，然后运行文件，会存在什么潜在问题？

4. 如何在 IDLE 和 PyCharm 之间选择？

5. PyCharm 安装配置过程中，可能会遇到什么问题？

【综合技能训练】

1. 根据章节学习、生活观察和资料收集，了解 Python 热门就业方向中对于岗位技能的要求，厘清学习思路，制订学习计划，掌握必备技能，提升就业竞争力。

2. 根据项目学习，进行资料收集，学习使用 VS Code 等主流编辑器。

项 目 评 价

【评价方法】

对本项目学习的评价采用自我评价、小组评价、教师评价相结合的评价方式，分别从项目实施、核心任务完成、拓展训练三个方面进行。

【评价指标】

本项目的评价指标体系如表 1-5 所示，请根据学习实践情况进行打分。

表 1-5　项目评价表

		项目名称		项目承接人		小组编号	
		初识 Python——了解 Python 开发环境及工具					
项目开始时间		项目结束时间		小组成员			
评价指标			分值	评价细则	自我评价	小组评价	教师评价
项目实施情况(20 分)	纪律情况(5 分)	项目实施准备	1	准备书、本、笔、设备等			
		积极思考回答问题	2	视情况评分			
		跟随教师进度	2	视情况评分			
		违反课堂纪律	0	此为否定项，如有违反，根据情况直接在总得分基础上扣 0～5 分			
	考勤(5 分)	迟到、早退	5	迟到、早退者，每项扣 2.5 分			
		缺勤	0	此为否定项，如有违反，根据情况直接在总得分基础上扣 0～5 分			
	职业道德(5 分)	遵守规范	3	根据实际情况评分			
		认真钻研	2	依据实施情况及思考情况评分			
	职业能力(5 分)	总结能力	3	按总结的全面性、条理性进行评分			
		举一反三能力	2	根据实际情况评分			
核心任务完成情况(60 分)	初识Python——了解 Python 开发环境及工具(40 分)	了解 Python	3	Python 发展史			
			4	Python 的优点			
			5	Python 的应用领域			
		搭建 Python 开发环境	5	开发环境概述			
			7	Python 的安装			
			7	PyCharm 的安装			

评价指标			分值	评价细则	自我评价	小组评价	教师评价
核心任务完成情况(60分)	初识Python——了解Python开发环境及工具(40分)	尝试 Python	3	使用 IDLE 编写第一个 Python 程序			
			6	使用 PyCharm 编写第一个 Python 程序			
	综合素养(20分)	语言表达	5	互动、讨论、总结过程中的表达能力			
		问题分析	5	问题分析情况			
		团队协作	5	实施过程中的团队协作情况			
		工匠精神	5	敬业、精益、专注、创新等			
拓展训练情况(20分)	基本技能和综合技能(20分)	基本技能训练	10	基本技能训练情况			
		综合技能训练	10	综合技能训练情况			
总分							
综合得分(自我评价 20%，小组评价 30%，教师评价 50%)							
组长签字：				教师签字：			

项目 2

BMI 计算器——
Python 数据类型

案例导入

Python 因其开发过程简单、学习门槛低而被广泛应用，通过程序能够很方便地满足工作及生活中的很多需求。比如计算功能：通过程序交互的方式，用户输入数值，并指定数值之间需要进行的运算操作，通过程序模拟的方式，得到正确的计算结果。

本项目需要计算身体质量指数(body mass index，BMI)。BMI 在 19 世纪中期由比利时通才凯特勒(Quetelet)最先提出，是国际上衡量人体胖瘦程度以及是否健康的一个常用指标。BMI 正常值为 18.5 到 23.9，超过 24 为超重，28 以上则属肥胖。

计算公式：$BMI = weight \div height^2$(weight 单位：kg；height 单位：m)。

(1) 首先要知道人的 weight(kg)。

(2) 还需要知道人的 height(m)。

(3) 根据公式，计算 BMI 值。

任务导航

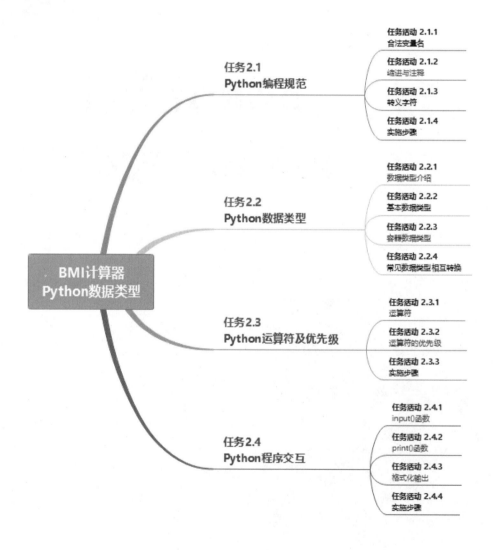

学习目标

知识目标

1. 了解标识符命名规定和规范。
2. 了解语句和表达式的概念。
3. 熟悉 Python 基本数据类型分类。
4. 掌握六大类运算符的基本运用。
5. 掌握打印输出和获取键盘输入的方法。
6. 掌握注释的用法。

技能目标

1. 能够编写顺序结构程序。
2. 能够在程序中进行算术运算、逻辑运算等操作。
3. 能够通过打印输出、键盘输入和用户进行交互。

素养目标

1. 具有良好的思考和分析问题的能力。
2. 具有积极探索、勇于创新的科学素养。
3. 具有良好的沟通和交流能力。
4. 具有良好的职业道德和团队精神。
5. 培养勤俭、奋斗、创新、奉献的劳动精神。
6. 培养学生分析问题、实现代码的逻辑思维能力。

任务 2.1　Python 编程规范

【任务描述】

尝试定义几个合法变量名，并通过添加注释的方式对变量的含义加以说明，熟悉行注释与块注释的使用场景。

Python 编程规范

【任务分析】

1. 了解并掌握 Python 变量的命名规范。
2. 根据规范定义几个变量。
3. 在 Python 解释器中运行、测试代码。

【任务实施】

任务活动 2.1.1　合法变量名

简单来讲，标识符就是一个名字，就好像每个人都有属于自己的名字一样，它的主要作用就是作为变量、函数、类、模块以及其他对象的名称。Python 中标识符的命名不是随意的，而是要遵守一定的命名规则。

(1) 标识符由字符(A～Z 和 a～z)、下划线和数字组成，但第一个字符不能是数字。

(2) 标识符不能和 Python 中的关键字(关键字的概念本节后续会提到)相同。

(3) Python 的标识符中不能包含空格、@、% 以及 $ 等特殊字符。

例如，下面所列举的标识符是合法的：

```
UserID          name          mode12          user_age
```

以下标识符不合法：

```
4word    #不能以数字开头(以#开头的内容是注释，在下一节就会学到)
try      #try是保留字，不能作为标识符
$money   #不能包含特殊字符
```

(4) 在 Python 中，标识符中的字母是严格区分大小写的。也就是说，两个同样的单词，如果大小写格式不一样，其代表的意义也是完全不同的。

(5) Python 语言中，以下划线开头的标识符有特殊含义。因此，除非特定场景需要，应避免使用以下划线开头的标识符。

(6) 当标识符用作模块名时，应尽量短小，并且全部使用小写字母，可以使用下划线分隔多个字母，如 game_start、game_register 等。

(7) 当标识符用作包名时，应尽量短小，并全部使用小写字母，不推荐使用下划线，如 cn.cswu 等。

(8) 当标识符用作类名时，应采用单词首字母大写的形式。例如，定义一个图书类，可以命名为 Book。

(9) 模块内部的类名，可以采用"下划线+首字母大写"的形式，如 _Book。

(10) 函数名、类中的属性名和方法名，应全部使用小写字母，多个单词之间可以用下划线分隔。

(11) 常量命名应全部使用大写字母，单词之间可以用下划线分隔。

注：Python 允许使用汉字作为标识符。例如：

```
1  Python语言 = "easy"
```

上述代码是没有问题的，但应尽量避免使用汉字作为标识符，以免带来不必要的错误。

有读者可能会问，如果不遵守这些规范，会怎么样呢？答案是程序照样可以运行，但遵循以上规范的好处是，可以更加直观地了解代码所代表的含义。以变量 Book 为例，可以很容易就猜到该变量与书有关，虽然将变量名改为 a(或其他)不会影响程序运行，但不建议这么做。

这里说一下 Python 关键字。Python 关键字是特殊的保留字，它为解释器传达了特殊的含义，每个关键字都有特殊含义和特定操作，这些关键字不能用作变量。Python 关键字如表 2-1 所示。

表 2-1　Python 关键字

True	False	None	and	as
assert	def	class	continue	break

else	finally	elif	del	except
global	for	if	from	import
raise	try	or	return	pass
nonlocal	in	not	is	lambda

关键字(保留字)可以通过如下方式查看。

```
>>>import keyword
>>>keyword.kwlist
['False', 'None', 'True', 'and', 'as', 'assert', 'async', 'await', 'break',
'class', 'continue', 'def', 'del', 'elif', 'else', 'except', 'finally', 'for',
'from', 'global', 'if', 'import', 'in', 'is', 'lambda', 'nonlocal', 'not',
'or', 'pass', 'raise', 'return', 'try', 'while', 'with', 'yield']
```

任务活动 2.1.2　缩进与注释

1. 缩进

在 C、Java、PHP 等编程语言中，使用 "{}" 表示语法层次。在 Python 中使用缩进和冒号取而代之，层次是 Python 的灵魂，严格的缩进要求使得 Python 代码显得非常精简并且有层次感。在 Python 里对待代码的缩进要十分小心，因为如果没有正确地使用缩进，代码的运行结果可能和预期相差甚远。

例如，下面这段 Python 代码中(涉及目前尚未学到的知识，初学者无须理解代码含义，只需体会代码块的缩进规则即可)：

```
1   if True:
2       print("True")
3   else:
4       print("False")           #缩进一致
```

两行代码缩进齐平，这个程序是没有问题的。但是下面的程序就会导致运行错误。

```
1   if True:
2       print("Answer")
3       print("True")
4   else:
5       print("Answer")
6     print("False")             #缩进不一致，会导致运行错误
```

对于 Python 的缩进规则，初学者可以这样理解：Python 要求属于同一作用域的各行代码缩进量必须一致，但具体缩进量为多少，并不做硬性规定。在 Python 中，对于类定义、函数定义、流程控制语句、异常处理语句等，行尾的冒号和下一行的缩进，表示下一个代码块的开始，而缩进的结束则表示此代码块的结束。

注意：Python 中对代码的缩进可以使用空格键或者 Tab 键实现。但无论是按空格键，还是按 Tab 键，通常情况下都是采用 4 个空格长度作为一个缩进量(默认情况下，按一下 Tab 键就相当于 4 个空格)。

在 IDLE 的文件窗口中，可以通过选择 Options 命令，在弹窗里单击 Configure IDLE 按

钮，在弹出的 Settings 对话框中选择 Windows 选项卡，对代码缩进选项进行设置，如图 2-1 所示。

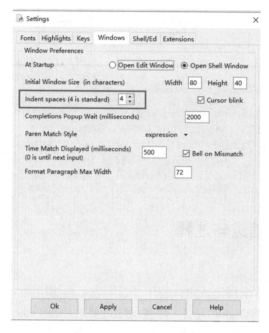

图 2-1   IDLE 开发环境设置

2. 注释

在大多数编程语言中，注释都具有重要的作用。注释就是使用自然语言在程序中添加说明。随着程序越来越多、越来越复杂，对解决问题的方法或思路、代码行或代码块进行大致的阐述就很有必要。

1)   如何编写注释

在 Python 中，注释用井号(#)标识，#后面的内容都会被 Python 解释器忽略，如下所示。

```
1    # 向大家问好
2    print("Hello Python people!")
```

Python 解释器将忽略第 1 行，只执行第 2 行。运行结果如下：

```
Hello Python people!
```

编写注释的主要目的是阐述代码要做什么，以及是如何做的。在开发项目期间，开发者对各个部分如何协同工作了如指掌，但过段时间后，可能会忘记某些细节。当然，开发者可以通过研究代码来确定各个部分的工作原理，但通过编写注释，以清晰的自然语言对解决方案进行概述，可节省很多时间。

要成为专业程序员或与其他程序员合作，就必须编写有意义的注释。当前，大多数项目都是合作完成的，开发者可能是同一家公司的多名员工，也可能是众多致力于同一个开源项目的人员。训练有素的程序员都希望代码中包含注释。因此作为新手，最值得养成的编码习惯之一就是在代码中编写清晰、简洁的注释。从现在开始，本书的示例都将使用注释来阐述代码的工作原理。

2)　块注释和多行注释

随着项目开发的进行，代码量愈发庞大。为了方便调试、审查等后续流程的进行，就应该在代码中添加注释。对于复杂的操作，应该在其操作开始前编写若干行注释；对于较难解读的代码，应在其行首或行尾添加注释。

使用单行注释的方式：

```
1   # We use a weighted dictionary search to find out where i is in
2   # the array.  We extrapolate position based on the largest num
3   # in the array and the array size and then do binary search to
4   # get the exact number.
5
6   if i & (i-1) == 0:          # true if i is a power of 2
7   #为了提高可读性，注释应该至少与代码之间保持 2 个空格
```

也可以使用三个单引号"'''"或者三个双引号""""""将注释括起来。使用单引号示例如下：

```
1   ''' 这是多行注释，
2   用三个单引号这是多行注释，
3   用三个单引号这是多行注释，
4   用三个单引号这是多行注释
5   '''
6   print("Hello, World!")
```

使用双引号示例如下：

```
1   """ 这是多行注释，
2   用三个双引号这是多行注释，
3   用三个双引号这是多行注释，
4   用三个双引号这是多行注释
5   """
6   print("Hello, World!")
```

任务活动 2.1.3　转义字符

转义字符是指用一些普通字符的组合来代替一些特殊字符。由于组合改变了原来字符表示的含义，因此称为"转义"。转义字符的意义在于避免出现二义性，避免系统识别错误。简单来说，转义字符就是将字符转变成其他含义的功能。常用的转义字符如表 2-2 所示。

表 2-2　Python 常用的转义字符

转义字符	说　明
\n	换行符，将光标移到下一行开头
\r	回车符，将光标移到本行开头
\t	水平制表符，即 Tab 键，一般相当于 4 个空格
\a	蜂鸣器响铃。注意不是喇叭发声，现在的计算机很多都不带蜂鸣器了，所以响铃不一定有效
\b	退格，将光标移到前一列
\\	反斜线

续表

转义字符	说　明
\'	单引号
\"	双引号
\	在字符串行尾的续行符，即一行未完，转到下一行继续写

在书写形式上转义字符由多个字符组成，但 Python 将它们看作一个整体，表示一个字符。下面看一个 Python 转义字符的例子：

```
1   #使用\t 排版
2   str1 = '\t 企业名\t\t\t\t 网址'
3   str2 = '重庆城市管理职业学院官网 \thttp://dc.cswu.cn/portal_main/toPortalPage'
4   str3 = '人事管理系统 \t\t\t\thttp://rsc.cswu.cn:900/hr/front/toIndex.action'
5   print(str1)
6   print(str2)
7   print(str3)
```

运行结果：

```
        企业名              网址
重庆城市管理职业学院官网    http://dc.cswu.cn/portal_main/toPortalPage
人事管理系统              http://rsc.cswu.cn:900/hr/front/toIndex.action
```

再看一个例子：

```
1   # \n 在输出时换行
2   info = "重庆城市管理职业学院官网的\n 网址是:\nwww.cswu.cn\n"
3   print(info)
```

运行结果：

```
重庆城市管理职业学院官网的
网址是：
www.cswu.cn
```

任务活动 2.1.4　实施步骤

前面介绍了变量命名规范以及 Python 的一些常见语法知识。接下来实现 BMI 计算器中变量 height(m)、weight(kg)的定义。

操作步骤如下。

(1) 双击桌面上的 PyCharm 快捷方式图标，进入 PyCharm 开发环境，这时 PyCharm 会默认进入最近一次操作的项目。选择 File | New Project 命令，新建一个项目，如图 2-2 所示。

(2) 输入项目名称 project2，并核对项目默认的解释器路径是否正确。单击 Create 按钮，新项目创建成功，如图 2-3 所示。

图 2-2　新建项目

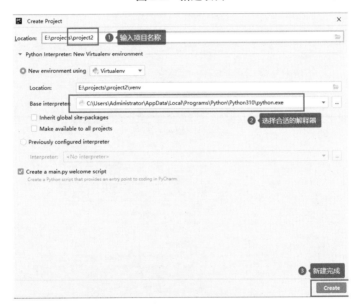

图 2-3　输入项目名称完成项目创建

(3)　在新建的项目名称 project2 上右击，选择 New | Python File 命令，弹出 New Python file 对话框，输入 Python 文件名 bmi.py，按 Enter 键即可完成 Python 文件的创建，如图 2-4、图 2-5 所示。

(4)　在文件 bmi.py 中定义两个变量：height，单位为 m；weight，单位为 kg。具体代码如下。

```
1    #定义身高变量，单位为 m
2    height = 1.8
3    #定义体重变量，单位为 kg
4    weight = 60
```

图 2-4　新建 Python 文件　　　　　　　　图 2-5　输入 Python 文件名

(5)　因为现在没有任何输出操作，所以看不到结果。可以在代码编辑区空白处右击，选择 Run 'bmi'命令，运行程序(也可以按 Ctrl+Shift+F10 快捷键运行当前程序)，如图 2-6 所示。

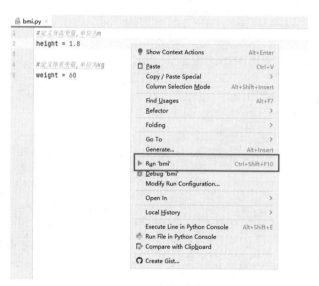

图 2-6　运行程序

(6)　程序运行结果如图 2-7 所示。

图 2-7　程序运行结果

【任务评估】

本任务的任务评估表如表 2-3 所示，请根据学习实践情况进行评估。

表 2-3　自我评估与项目小组评价

任务名称					
小组编号		场地号		实施人员	
自我评估与同学互评					
序　号	评 估 项	分　值	评估内容		自我评价
1	任务完成情况	30	按时、按要求完成任务		
2	学习效果	20	学习效果符合学习要求		
3	笔记记录	20	记录规范、完整		
4	课堂纪律	15	遵守课堂纪律，无事故		
5	团队合作	15	服从组长安排，团队协作意识强		
自我评估小结					

任务小结与反思：通过完成上述任务，你学到了哪些知识或技能？

组长评价：

任务 2.2　Python 数据类型

Python 数据类型

【任务描述】

要计算身体质量指数，就要知道人的 weight(kg)和 height(m)，然后根据公式计算 BMI 值。

【任务分析】

在计算过程中，要定义身体参数 height 与 weight。height、weight 就是定义的变量名，其数值就是变量值。要使用 Python 解决生活中的问题，第一件要做的事情，就是使用变量来存储现实生活中的数据。

【任务实施】

任务活动 2.2.1　数据类型介绍

Python 中的变量类型不需要声明。每个变量在使用前都必须赋值，变量赋值以后该变量才会被创建。在 Python 中，变量没有类型，这里所说的"类型"是变量在内存中存储的对象类型。

等号(=)用来给变量赋值。等号运算符左边是一个变量名，右边是存储在变量中的值。Python 的数据类型如图 2-8 所示。

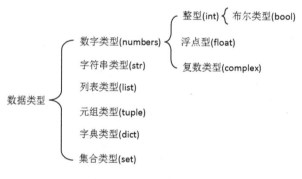

图 2-8　Python 的数据类型

任务活动 2.2.2　基本数据类型

下面介绍一些基本的 Python 的数据类型，如整型、浮点型、布尔类型等，其他数据类型将在后文介绍。

1. 整型

整型简单地说就是平时所见的整数。在 Python 3 中，整型已经与长整型进行了结合，现在 Python 3 的整型类似于 Java 的 BigInteger 类型，它的长度不受限制。因此，使用 Python 3 可以很容易地进行大数运算。

例如：

```
1    number = 149597870700 / 299792458
2    print(number)
```

以上程序运行是没有问题的。

2. 浮点型

浮点型就是平时所说的小数。例如：圆周率 3.14 就是一个浮点型数。Python 区分整型和浮点型的唯一方式就是看有没有小数点。在表示浮点型数据时有一个特殊的表示法——e 记法。e 记法也就是平时所说的科学记数法，用于表示特别大或特别小的数，例如：

```
1    number = 0.0000000000000000000025
2    print(number)
```

结果是：

```
2.5e-21
```

3. 布尔类型

在 Python 中，布尔类型值只有 True 和 False，　也就是英文单词的"对"与"错"。

例如，1 + 1 > 3，该表达式错误：

```
1    print(1+1>3)
```

结果是：

```
False
```

布尔类型事实上是特殊的整型，尽管布尔类型用 True 和 False 来表示"真"与"假"，但布尔类型可以当作整数来对待，True 相当于整型值 1，False 相当于整型值 0。

注意：把布尔类型当成 1 和 0 来参与运算这种做法是不妥的，容易引起代码混乱。

任务活动 2.2.3　容器数据类型

存储大量数据的数据类型是容器类型，在 Python 中称之为内置数据结构。

● 不可变数据类型(3 个)：数字类型(numbers)、字符串类型(str)、元组类型(tuple)。

● 可变数据类型(3 个)：列表类型(list)、字典类型(dict)、集合类型(set)。

1. 列表类型(list)

列表是一个有序且可更改的集合。在 Python 中，列表用方括号编写。

```
1    this_list = ["apple", "banana", "cherry"]
2    print(this_list)
```

2. 元组类型(tuple)

元组是一个有序且不可更改的集合。在 Python 中，元组用圆括号编写。

```
1    this_tuple = ("apple", "banana", "cherry")
2    print(this_tuple)
```

3. 字典类型(dict)

字典是一个无序、可变和有索引的集合。在 Python 中,字典用花括号编写,拥有键和值。

```
1   this_dict={
2       "brand": "Porsche",
3       "model": "911",
4       "year": 1963
5   }
6   print(this_dict)
```

4. 集合类型(set)

集合元素必须是可哈希对象,集合是无序和无索引的集合。在 Python 中,集合用花括号编写。

```
1   this_set = {"apple", "banana", "cherry"}
2   print(this_set)
```

任务活动 2.2.4　常见数据类型相互转换

1. 获得变量类型

有时候可能需要判断一个变量的数据类型,例如,程序需要从用户那里获取一个整数,但用户却输入了一个字符串,就有可能引发一些意想不到的错误或导致程序崩溃。Python提供了 type()函数,可以明确告诉用户变量的类型。例如:

```
1   print(type('520'))
2   print(type(5e20))
3   print(type(520))
```

结果是:

```
<class 'str'>
<class 'float'>
<class 'int'>
```

除此之外,也可以使用 isinstance()函数来判断变量的类型。

isinstance()函数有两个参数,第一个是待确定类型的数据,第二个是指定一个数据类型。它会根据两个参数返回一个布尔类型的值:返回值 True,表示类型一致;返回 False,则表示类型不一致。例如:

```
1   print(isinstance(520, float)
```

结果是:

```
False
```

2. 类型转换

接下来介绍几个与数值类型紧密相关的工厂函数。

(1) int()函数的作用是将一个字符串或浮点数转换成一个整数,可以在 IDLE 下方便地进行测试。

```
>>> a = '520'
>>> b = int(a)
>>> a, b
('520', 520)
```

注意：如果是把浮点数转换为整数，Python 会采取"截断"处理，就是把小数点后的数据直接砍掉，而不是四舍五入。

(2)　float()函数的作用是将一个字符串或整数转换成一个浮点数(就是小数)。

```
>>> a = '520'
>>> b = float(a)
>>> a, b
('520', 520.0)
```

(3)　str()函数的作用是将一个数或任何其他类型的对象转换成一个字符串。

```
>>> a = 5.99
>>> b = str(a)
>>> b
'5.99'
>>> c = str(5e15)
>>> c
'5000000000000000.0'
```

Python 常用的数据类型转换函数如表 2-4 所示。

表 2-4　Python 常用的数据类型转换函数

函　数	描　述
int(x [,base])	将 x 转换为一个整数
float(x)	将 x 转换为一个浮点数
complex(real [,imag])	创建一个复数
str(x)	将对象 x 转换为字符串
repr(x)	将对象 x 转换为表达式字符串
eval(str)	用来计算在字符串中的有效 Python 表达式，并返回一个对象
tuple(s)	将序列 s 转换为一个元组
list(s)	将序列 s 转换为一个列表
set(s)	转换为可变集合
dict(d)	创建一个字典，d 必须是一个(key, value)元组序列
frozenset(s)	转换为不可变集合
chr(x)	将一个整数转换为一个字符
ord(x)	将一个字符转换为它的整数值
hex(x)	将一个整数转换为一个十六进制字符串
oct(x)	将一个整数转换为一个八进制字符串

【任务评估】

本任务的任务评估表如表 2-5 所示，请根据学习实践情况进行评估。

表 2-5　自我评估与项目小组评价

任务名称						
小组编号		场地号		实施人员		
自我评估与同学互评						
序　号	评　估　项	分　值	评估内容			自我评价
1	任务完成情况	30	按时、按要求完成任务			
2	学习效果	20	学习效果符合学习要求			
3	笔记记录	20	记录规范、完整			
4	课堂纪律	15	遵守课堂纪律，无事故			
5	团队合作	15	服从组长安排，团队协作意识强			
自我评估小结						

任务小结与反思：通过完成上述任务，你学到了哪些知识或技能？

组长评价：

任务 2.3　Python 运算符及优先级

【任务描述】

知道 weight(kg)与 height(m)后，就可以根据公式计算 BMI 值。

Python 运算符
及优先级

【任务分析】

1. 前面小节中，已经定义了变量 height、weight 并且为它们赋值。

2. 如果要对这两个变量进行加、减、乘、除等复杂运算，就需要用到 Python 中的运算符，而这些运算符是有优先级的。大家在数学中学习过 "先算乘除，再算加减" 等运算符的优先级使用规则，在编程过程中使用运算符时，同样要考虑运算符的优先级。

【任务实施】

任务活动 2.3.1　运算符

1. 算术运算符

Python 中提供了常见的算术运算符，如表 2-6 所示。

表 2-6　算术运算符

运 算 符	描　　述	示　　例
+	两个对象相加	a + b(假设 a=10，b=20)输出结果为 30
−	得到负数或是一个数减去另一个数	a − b(假设 a=10，b=20)输出结果为-10
*	两个数相乘或返回一个被重复若干次的字符串	a * b(假设 a=10，b=20)输出结果为 200
/	b 除以 a(求商)	b / a(假设 a=10，b=20)输出结果为 2
%	返回除法的余数(求余)	b % a(假设 a=10，b=20)输出结果为 0
**	返回 a 的 b 次幂	a**b(假设 a=10，b=20)为 10 的 20 次方，输出结果为 100000000000000000000
//	返回商的整数部分(向下取整)	9//2 输出结果为 4

Python 中的算术运算符既支持对相同类型的数值进行运算，也支持对不同类型的数值的混合运算。在进行混合运算时，Python 会强制将数值的类型进行临时类型转换，这些转换遵循如下原则。

(1) 整型数值与浮点型数值进行混合运算时，将整型数值转换为浮点型数值。

(2) 其他类型与复数运算时，将其他类型转换为复数类型。

例如：

```
>>> a = 5+2.5
```

```
>>> a
7.5
```

2. 比较运算符

比较运算符也叫关系运算符，用于比较两个数值，判断它们之间的关系。Python 中的比较运算符包括==、!=、>、<、>=、<=，它们通常用于布尔测试，测试的结果只能是 True 或 False，如表 2-7 所示。

表 2-7　比较运算符

运　算　符	功能说明	示　例
==	比较两个数的值是否相等，如果相等则返回 True	x==y
!=	比较两个数的值是否相等，如果不相等则返回 True	x!=y
>	比较左操作数是否大于右操作数，如果大于则返回 True	x>y
<	比较左操作数是否小于右操作数，如果小于则返回 True	x<y
>=	比较左操作数是否大于或等于右操作数，如果大于或等于则返回 True	x>=y
<=	比较左操作数是否小于或等于右操作数，如果小于或等于则返回 True	x<=y

3. 赋值运算符

赋值运算符的作用是将一个表达式或对象赋值给一个左值。左值是指一个位于赋值运算符左边的表达式，它通常是一个可修改的变量，不能是一个常量。常用的赋值运算符如表 2-8 所示。

表 2-8　赋值运算符

运　算　符	功能说明	示　例
+=	变量增加指定数值，结果赋值原变量	num+=2 等价于 num =num+2
-=	变量减去指定数值，结果赋值原变量	num-=2 等价于 num=num-2
*=	变量乘以指定数值，结果赋值原变量	num*=2 等价于 num=num*2
/=	变量除以指定数值，结果赋值原变量	num/=2 等价于 num =num/2
//=	变量整除指定数值，结果赋值原变量	num//=2 等价于 num =num//2
%=	变量进行取余，结果赋值原变量	num%=2 等价于 num =num%2
**=	变量执行乘方运算，结果赋值原变量	num**=2 等价于 num=num**2

关于赋值运算符的使用示例如下：

```
>>> a =2
>>> b =3
>>> a+=b
>>> print(a)
5
```

```
>>> a-=b
>>> print(a)
2
>>> a*=b
>>> print(a)
6
>>> a/=b
>>> print(a)
2.0
>>> a%=b
>>> print(a)
2.0
>>> a**=b
>>> print(a)
8.0
>>> a//=b
>>> print(a)
2.0
```

4. 逻辑运算符

高中数学中就学过逻辑运算，例如 p 为真命题，q 为假命题，那么"p 且 q"为假，"p 或 q"为真，"非 q"为真。Python 中也有类似的逻辑运算，如表 2-9 所示。

表 2-9　逻辑运算符

运 算 符	逻辑表达式	功能说明	示　例
and	x and y	若两个操作数的布尔值均为 True，则结果为 True	True and True 的结果为 True
or	x or y	若两个操作数的布尔值任意一个为 True，则结果为 True	True or False 的结果为 True
not	not x	若操作数 x 的布尔值为 True，则结果为 False	not True 的结果为 False

Python 中分别使用 or、and、not 这三个关键字作为逻辑运算符，其中，or 与 and 为双目运算符，not 为单目运算符。以 x=10，y=20 为例，具体如下：

```
>>> x = 10
>>> y = 20
>>> x and y
20
>>> x or y
10
>>> not x
False
```

5. 位运算符

位运算符属于运算符中比较难的内容，它以二进制为单位进行运算，操作的对象以及结果都是整数型。位运算符有如下几个：&(按位与)、|(按位或)、^(按位异或)、~(按位取

反)、>>(右位移)和<<(左位移)。常用位运算符如表 2-10 所示。

表 2-10　位运算符

运　算　符	功能说明
<<	操作数按位左移
>>	操作数按位右移
&	左操作数与右操作数执行按位与运算
|	左操作数与右操作数执行按位或运算
^	左操作数与右操作数执行按位异或运算
~	操作数按位取反

下面介绍位运算符的功能。

(1) 按位左移(<<)是指将二进制形式操作数的所有位全部左移 n 位，高位丢弃，低位补 0。以十进制 9 为例，9 转换为二进制后是 00001001，将转换后的二进制数左移 4 位，如图 2-9 所示。

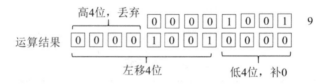

图 2-9　左位移运算示例

(2) 按位右移(>>)是指将二进制形式操作数的所有位全部右移 n 位，低位丢弃，高位补 0。以十进制 8 为例，8 转换为二进制后是 00001000，将转换后的二进制数右移 2 位，如图 2-10 所示。

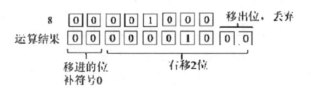

图 2-10　右位移运算示例

(3) 按位与(&)是指将参与运算的两个操作数对应的二进制位进行"与"操作。当对应的两个二进制位均为 1 时，结果位就为 1，否则为 0。以十进制 9 和 3 为例，9 和 3 转换为二进制后分别是 00001001 和 00000011，如图 2-11 所示。

按位与（&）　0 0 0 0 1 0 0 1　9
　　　　　　　0 0 0 0 0 0 1 1　3
运算结果　　 0 0 0 0 0 0 0 1

图 2-11　按位与运算示例

(4)　按位或(|)是指将参与运算的两个操作数对应的二进制位进行"或"操作。若对应的两个二进制位有一个为 1 时，结果位就为 1。若参与运算的数值为负数，则参与运算的两个数均以补码出现。以十进制 8 和 3 为例，8 和 3 转换为二进制后分别是 00001000 和 00000011，如图 2-12 所示。

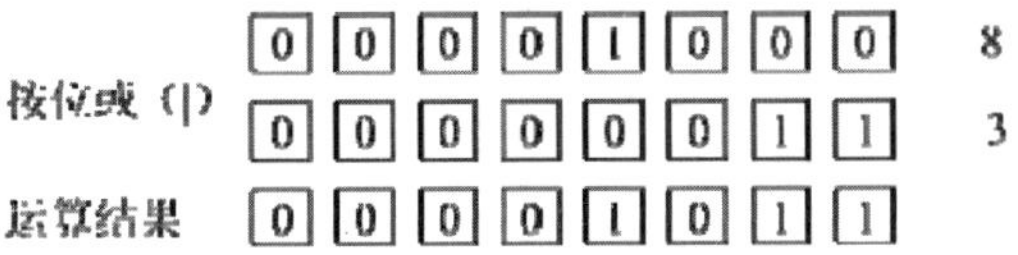

图 2-12　按位或运算示例

(5)　按位异或(^)是将参与运算的两个操作数对应的二进制位进行"异或"操作。当对应的两个二进制位中有一个为 1，另一个为 0 时，结果位为 1，否则结果位为 0。以十进制 8 和 4 为例，8 和 4 转换为二进制后分别是 00001000 和 00000100，如图 2-13 所示。

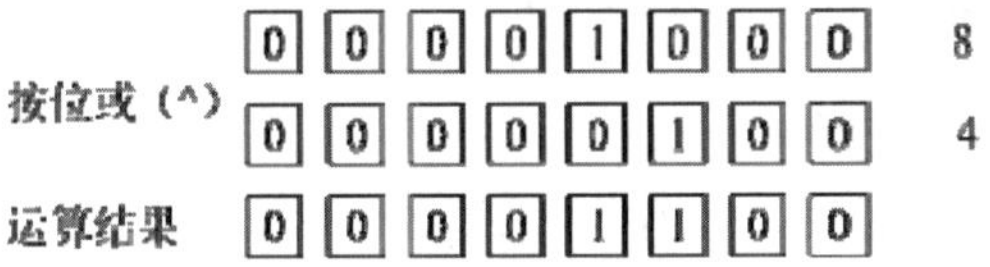

图 2-13　按位异或运算示例

(6)　按位取反(~)是指将二进制数的每一位进行取反，0 取反为 1，1 取反为 0。按位取反操作首先会获取这个数的补码，然后对补码进行取反，最后将取反结果转换为原码。例如，对 9 按位取反的计算过程如下。

①　9 是正数，计算机中正数的原码=反码=补码，所以 9 的补码为 00001001。

②　对正数 9 的补码 00001001 进行按位取反操作，取反后结果为 11110110。

③　将 11110110 转换为原码，符号位不变，其他位取反，然后+1 得到原码，最终结果为 10001010，即-10。

6. 成员运算符

Python 的成员运算符共两个：in 和 not in，用于测试给定数据是否存在于序列(如列表、字符串)中。

(1)　in：如果指定元素在序列中返回 True，否则返回 False。

(2)　not in：如果指定元素不在序列中返回 True，否则返回 False。

由于容器类型还没有详细介绍，这里只举一个小例子。

```
>>> b = 20
>>> list1 = [1,2,3,4,5,6]
>>> b in list1
False
```

7. 身份运算符

Python 的身份运算符共两个：is 和 is not。

(1) is 用于判断两个标识符是否引用自同一个对象，若引用的是同一个对象则返回 True，否则返回 False。

(2) is not 用于判断两个标识符是否引用自不同对象，若引用的不是同一个对象则返回 True，否则返回 False。

身份运算符的应用如下例。

```
>>> a=123
>>> b=123
>>> c=456
>>> print(a is b)
True
>>> print(a is not c)
True
```

任务活动 2.3.2　运算符的优先级

Python 支持使用多个不同的运算符连接简单表达式，实现相对复杂的计算，为了避免含有多个运算符的表达式出现歧义，Python 为每种运算符都设定了优先级。Python 中运算符的优先级从高到低排序如表 2-11 所示。

表 2-11　运算符的优先级

运　算　符	描　　述
(expression...)	加圆括号的表达式
**	幂
*、/、%、//	乘法、除法、求余、整除
+、-	加法、减法
>>、<<	按位右移、按位左移
&	按位与
^、|	按位异或、按位或
==、!=、>、<、>=、<=	比较运算符
in、not in	成员运算符
not、and、or	逻辑运算符
=	赋值运算符

任务活动 2.3.3　实施步骤

通过对上述知识点的学习，大家可以对运算符的使用进行实践，完善代码。具体操作步骤如下。

(1)　双击桌面上的 PyCharm 快捷方式图标，进入 PyCharm 开发环境，这时 PyCharm 会默认打开项目 project2。单击文件 bmi.py，可以在代码编辑区看到该文件的全部代码，如图 2-14 所示，在此基础上修改或新增功能代码。BMI 计算公式为：BMI=weight÷height^2 (weight 单位：kg；height 单位：m)。

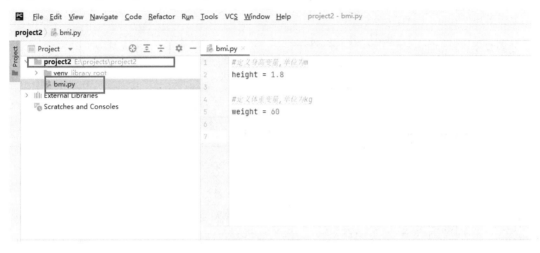

图 2-14　打开项目

(2)　在程序文件中添加一段代码，计算 BMI，并尝试输出。注意，幂运算优先级比普通四则运算优先级高。最后实现的代码如下。

```
1    #定义身高变量，单位为m
2    height = 1.8
3    #定义体重变量，单位为kg
4    weight = 60
5    #根据计算公式：BMI=weight÷height²(weight 单位：kg；height 单位：m)计算 BMI 的值
6    bmi = weight / height ** 2
7    print("bmi 指数的结果为",bmi)
```

也可以把第 6 行代码 bmi = weight / height ** 2 改为 bmi = weight / (height ** 2)，二者是等价的。

(3)　运行程序，结果如图 2-15 所示。

图 2-15　程序运行结果

【任务评估】

本任务的任务评估表如表 2-12 所示，请根据学习实践情况进行评估。

表 2-12　自我评估与项目小组评价

任务名称					
小组编号		场地号		实施人员	
自我评估与同学互评					
序　号	评估项	分　值	评估内容		自我评价
1	任务完成情况	30	按时、按要求完成任务		
2	学习效果	20	学习效果符合学习要求		
3	笔记记录	20	记录规范、完整		
4	课堂纪律	15	遵守课堂纪律，无事故		
5	团队合作	15	服从组长安排，团队协作意识强		
自我评估小结					

任务小结与反思：通过完成上述任务，你学到了哪些知识或技能？

组长评价：

任务 2.4　Python 程序交互

【任务描述】

在任务活动 2.3.3 中，已经可以根据 height、weight 计算人的 BMI 指数，其中 height 值和 weight 值是给定的。人与人之间的 height 值、weight 值是有差别的，那么能否根据不同人的 height 值、weight 值来计算 BMI 指数呢？

Python 程序交互

【任务分析】

根据不同人的 height 值、weight 值来计算 BMI 指数。

1. 根据 BMI 指数公式，weight 参数是必需的，但是不同的人 weight 值是不同的，这里可以使用 input() 函数，实现不同 weight 数值的输入。

2. 同上，这里同样可以使用 input() 函数，实现不同 height 数值的输入。

3. 有了 weight、height 数值，根据公式计算 BMI 指数就相当容易了，然后使用 print() 函数将结果输出到控制台。

【任务实施】

任务活动 2.4.1　input() 函数

在 Python 3 中，input() 函数用于接收用户的键盘输入，返回对应的字符串。可以使用不带参数的 input() 函数，也可以提供一个字符串作为参数，该参数会作为提示信息，如下例。

```
>>>b=input()
666   # 用户输入
>>>b
'666'
>>> b=input("try again: ")    # 带有字符串形式的参数
try again: True  # 前半部分是 input() 的函数参数，在此起到提示作用，后半部分是用户输入
>>>b
'True'
```

在 Python 3 中，输入数值通常是在 input() 的基础上再使用一个想要的数据类型所对应的工厂函数。例如，以下代码表示在 Python 3 中输入数值，经过工厂函数加工，得到一个整数。

```
>>>number = input("请输入一个数字")
请输入一个数字 666
>>>number
'666'
>>>type(number)
<class 'str'>
>>>number = int(number)
>>>number
666
>>>type(number)
<class 'int'>
```

任务活动 2.4.2　print()函数

print()函数的作用是打印输出一些信息。可以通过变量名称打印，也可以直接打印输出一些常量，例如数字、字符串或其他类型的对象。print()函数也支持混合打印，一个 print()函数可以打印多个对象，对象之间须用逗号分隔开。

```
>>> test1 = 12
>>> test2 = 34
>>> print(test1,test2)
12 34
```

print()函数有一个 end 参数，该参数允许省略，其默认值是换行符\n。因此，如果不需要换行，可将此参数指定为空字符串。下面的代码展示了 end 参数的用法。

没有指定 end 参数，所以打印后进行了换行。

```
1    s1 = '1+2='
2    print(s1,3)
3    print('next row')
```

执行结果为：

```
1+2= 3
next row
```

将 end 参数指定为空字符串，避免了换行。

```
1    s1 = '1+2='
2    print(s1,3,end='')
3    print('next row')
```

执行结果为：

```
1+2=3next row
```

任务活动 2.4.3　格式化输出

print()函数可以实现复杂的格式化输出，特别是当想要在较长的字符串中引用现有的变量时，可以非常方便地实现。如下代码：

```
print("Give me %d $ please." % money)
```

在这行代码中，使用 print()函数打印字符串，在字符串里使用%d 作为占位符。在字符串结束之后，使用百分号(%)告诉解释器，接下来要为占位符传入参数。在%和后面的参数之间必须有一个空格，参数可以是一个已经定义的变量名，也可以是常量。占位符类型和所传参数的数据类型必须兼容，占位符的详细介绍如表 2-13 所示。

表 2-13　Python 占位符

占位符类型	描　　述
%s	对应字符串，但也兼容其他任何数据类型
%d	对应整数，不兼容其他类型

占位符类型	描　述
%f	对应浮点数，不兼容其他类型
%.2f	对应浮点数，不兼容其他类型，且指定精度为 2 位
%8.2f	对应浮点数，不兼容其他类型，精度为 2 位，且指定显示的位宽(空格填充)，这里表示总共 8 个字符的宽度
%-10s	对应字符串，但也兼容其他任何数据类型。字符串按 10 个字符的宽度来显示，并且左对齐。仅当指定宽度大于字符串实际宽度时有效
%08d	对应整数，不兼容其他类型，整数占位符总共占 8 个字符的宽度，不足的部分用 0 填充。只有数字类型才可以用 0 填充，字符串不支持

一个字符串中可以有多个占位符，当占位符不止一个时，必须为每个占位符都传入一个参数，参数的顺序要和占位符的顺序一致。也就是说，第一个参数对应第一个占位符，第二个参数对应第二个占位符，以此类推。此外，必须把所有的参数用圆括号括起来。示例如下。

```
>>> name = 'James'
>>> age = 18
>>> print("His name is %s ,he is %d years old"%(name,age))
His name is James ,he is 18 years old
```

从 Python 2.6 开始，新增了一种格式化输出字符串的函数 str.format()，它增强了字符串格式化输出的功能。基本语法是通过"{}"和":"来代替以前的"%"。

format()函数可以接收无限个参数，位置可以不按顺序排列。

format()函数的语法格式如下：

```
str.format(args)   #args 为传入参数
```

之前介绍了字符串的格式化表达式，字符串对象的 format()函数是一种更加灵活、更加强大的格式化手段。str.format()函数通过在字符串中预留花括号({})来定义替换字段，即格式化占位符，从而完成字符串的格式化。为简单起见，之后会将替换字段简称为占位符。

先看一个简单的例子：

```
1   str1 = "hello"
2   str2 = "world"
3   print("{} {}".format(str1,str2))
```

运行结果是：

```
hello world
```

上段代码等价于：

```
1   str1 = "hello"
2   str2 = "world"
3   print("%s %s"%(str1,str2))
```

数字占位符：可以在占位符中写上数字，作为序号，该序号对应了参数的顺序。上面的代码又等价于：

```
1    str1 = "hello"
2    str2 = "world"
3    print("{0} {1}".format(str1,str2))
```

任务活动 2.4.4　实施步骤

通过对上述知识点的学习，大家已经了解了 print()、input() 函数及格式化输出的相关操作。在之前实现计算器功能的时候，指定了 height、weight 的值，这跟实际生活中是有一些差别的，我们希望程序可以对不同的个体进行 BMI 指数计算，所以这里需要继续完善代码。具体操作步骤如下。

(1) 双击桌面上的 PyCharm 快捷方式图标，进入 PyCharm 开发环境，这时 PyCharm 会默认进入最近一次操作的项目 project2。单击文件 bmi.py，可以在代码编辑区看到该文件的全部代码，在此基础上修改或新增功能代码，如图 2-16 所示。

图 2-16　打开项目

(2) 在程序文件中修改代码，可以手动输入 height 与 weight 的值，计算 BMI 指数，并尝试格式化输出。因为输入的 height 与 weight 的值有可能是带有小数点的数字，所以可以使用前面提到的工厂函数 float() 来进行数据类型转换，采用格式化输出，并保留小数点后两位。最终实现的代码如下。

```
1    #定义身高变量，单位为 m
2    height = float(input("请输入身高，单位为(m)"))
3    #定义体重变量，单位为 kg
4    weight = float(input("请输入体重，单位为(kg)"))
5    #根据计算公式 BMI=weight÷height²(weight 单位：kg；height 单位：m)计算 BMI 的值
6    bmi = weight / height ** 2
7    print("bmi 指数的结果为%.2f"%bmi)
```

(3) 运行程序，结果如图 2-17 所示。

```
Run:    bmi
        E:\projects\project2\venv\Scripts\python.exe E:/projects/project2/bmi.py
        请输入身高，单位为 (m) 1.6
        请输入体重，单位为 (kg) 60
        bmi指数的结果为23.44

        Process finished with exit code 0
```

图 2-17　程序运行结果

【任务评估】

本任务的任务评估表如表 2-14 所示，请根据学习实践情况进行评估。

表 2-14　自我评估与项目小组评价

任务名称					
小组编号		场地号		实施人员	
自我评估与同学互评					
序　号	评 估 项	分　值	评估内容		自我评价
1	任务完成情况	30	按时、按要求完成任务		
2	学习效果	20	学习效果符合学习要求		
3	笔记记录	20	记录规范、完整		
4	课堂纪律	15	遵守课堂纪律，无事故		
5	团队合作	15	服从组长安排，团队协作意识强		
自我评估小结					

任务小结与反思：通过完成上述任务，你学到了哪些知识或技能？

组长评价：

项 目 总 结

【项目实施小结】

在本项目中，学习了变量和变量名、变量的命名规则、变量的赋值和引用方式，还学习了 Python 的基本数据类型——数据类型之间的转换、操作符及其优先级，掌握了程序的输入 input()函数和程序的输出 print()函数的使用方法，并且认识了 Python 程序的书写规则以及注释的重要性等。通过对 Python 基本数据类型的学习与实际应用，我们认识到 Python 是一门弱数据类型的语言，这和我们之前了解过的 C、C++、Java 等是不同的，所以在使用过程中，可以完全不考虑变量是什么数据类型，也不需要担心在赋值的过程中会不会出错，这在解决实际操作中的问题时非常便利。另外，Python 还提供了各种数据运算的先决条件，进而提高读者的编程能力。

下面请读者根据项目所学内容，从本项目实施过程中遇到的问题、解决办法以及收获和体会等各方面进行认真总结，并形成总结报告。

【举一反三能力】

1. 如果标识符符合规定，但不符合规范，会带来哪些问题？

2. 从数据的隐式转换和显式转换来看，Python 是弱数据类型语言还是强数据类型语言？

3. 运算符优先级是否有规律？如何简单记忆？

【对接产业技能】

1. 生产环境中输入数据通常有两种需求：字符串和数字。

2. 掌握打印输出间隔符和结尾符的方法。

3. 字符串的格式化表达式可以作为一个字符串模板，用不同的数据放置到占位符可以有不同的效果。

4. 注释只能单行，但可以用多行的字符串常量来实现多行注释。

5. 掌握多种运算符的优先级。

项目拓展训练

【基本技能训练】

通过项目学习，回答以下问题。

1. 有哪些场景可能会因为转义字符而出现问题？

2. 在算术运算符的使用过程中会出现哪些错误？

3. 如何通过错误信息查证和修改代码？

4. Python 为什么不支持++或--格式的自增 1、自减 1 运算？你认为 Python 开发者是怎么想的？

5. 为什么不能以数字开头作为标识符？

6. 能否用中文作为标识符？

7. 能否用内置函数的名称(如 print)作为标识符？结果会如何？

【综合技能训练】

根据项目学习、生活观察和资料收集，感受数值运算在 Python 中的重要意义及作用。它不仅能解决现实生活中遇到的问题，还能进行各种数据运算分析，进而提升我们的编程能力。尝试使用 Python 实现一个可以进行四则运算的计算器。

项 目 评 价

【评价方法】

对本项目学习的评价采用自我评价、小组评价、教师评价相结合的评价方式，分别从项目实施、核心任务完成、拓展训练三个方面进行。

【评价指标】

本项目的评价指标体系如表 2-15 所示，请根据学习实践情况进行打分。

表 2-15　项目评价表

	项目名称		项目承接人		小组编号		
	BMI 计算器——Python 数据类型						
项目开始时间	项目结束时间		小组成员				
评价指标			分值	评价细则	自我评价	小组评价	教师评价
项目实施情况(20 分)	纪律情况(5 分)	项目实施准备	1	准备书、本、笔、设备等			
		积极思考回答问题	2	视情况评分			
		跟随教师进度	2	视情况评分			
		违反课堂纪律	0	此为否定项，如有违反，根据情况直接在总得分基础上扣 0~5 分			
	考勤(5 分)	迟到、早退	5	迟到、早退者，每项扣 2.5 分			
		缺勤	0	此为否定项，如有违反，根据情况直接在总得分基础上扣 0~5 分			
	职业道德(5 分)	遵守规范	3	根据实际情况评分			
		认真钻研	2	依据实施情况及思考情况评分			
	职业能力(5 分)	总结能力	3	按总结的全面性、条理性进行评分			
		举一反三能力	2	根据实际情况评分			

续表

评价指标			分值	评价细则	自我评价	小组评价	教师评价
核心任务完成情况(60分)	BMI计算器——Python数据类型(40分)	Python 编程规范	3	合法变量名			
			2	缩进与注释			
			3	转义字符			
		Python 数据类型	4	数据类型介绍			
			5	基本数据类型			
			4	容器数据类型			
			4	常见数据类型相互转换			
		Python 运算符及优先级	3	运算符			
			3	运算符的优先级			
		Python 程序交互	3	input()函数			
			3	print()函数			
			3	格式化输出			
	综合素养(20分)	语言表达	5	互动、讨论、总结过程中的表达能力			
		问题分析	5	问题分析情况			
		团队协作	5	实施过程中的团队协作情况			
		工匠精神	5	敬业、精益、专注、创新等			
拓展训练情况(20分)	基本技能和综合技能(20分)	基本技能训练	10	基本技能训练情况			
		综合技能训练	10	综合技能训练情况			
总分							
综合得分(自我评价20%，小组评价30%，教师评价50%)							
组长签字：				教师签字：			

项目 3
猜数字游戏——Python 流程控制语句

案例导入

在实际生活中，做任何事情都要遵循一定的顺序。程序设计也是如此，需要利用流程控制实现用户的选择，并根据用户的选择，决定程序"先做什么""再做什么"。流程控制对于任何一种编程语言来说都是至关重要的，它提供了控制程序的执行方式。如果没有流程控制语句，整个程序将线性执行，而不能根据用户的需求决定程序执行的顺序。

程序由多条语句组成，用于描述计算的执行步骤。在顺序结构中，程序按照顺序逐行执行，不会发生跳转；除了顺序结构，常见的还有分支结构和循环结构。程序设计理论已经证明，任何程序都可以由以上三种基本结构组成。如果程序只能顺序执行，就无法(或者很难)解决现实中的大多数问题。本项目将重点介绍分支结构与循环语句。

任务导航

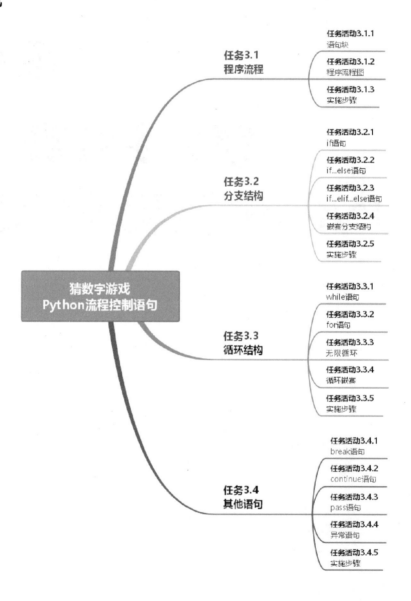

学习目标

知识目标

1. 了解程序结构的分类。
2. 了解程序流程图的表达。
3. 了解语句块与缩进。
4. 了解分支结构的作用。
5. 了解有无 else 子句的差别。
6. 了解循环常见的三种形式：纯粹的死循环、交互式死循环、有限次数循环。
7. 掌握 for 循环的使用。
8. 掌握 while 循环的使用。
9. 掌握 break、continue、pass 语句的使用。

技能目标

1. 掌握程序流程图的绘制。
2. 掌握分支语句的定义语法。
3. 掌握单条件分支结构的用法。
4. 掌握多条件分支结构的用法。
5. 掌握 for 循环的用法和语法细节。
6. 掌握 range()函数的用法。
7. 掌握 while 语句的用法。
8. 掌握 break、continue 控制语句的用法。
9. 掌握 pass 语句的用法。

素养目标

1. 培养学生具备信息安全和职业道德的素养。
2. 培养学生问题分析、代码实现的逻辑思维能力。
3. 培养学生具备自我批评、诚实、守信的学习态度。
4. 培养学生具备团队协作、互帮互助的团队精神。
5. 培养学生关注细节、精益求精、创新的工匠精神。

任务 3.1　程序流程

猜数字游戏——
程序流程

【任务描述】

使用 Python 随机生成数字，让用户去猜，用户每输入一次猜测的数字，程序会做出相应的提示。若用户输入的数字小于计算机随机生成的数字，则提示"你猜小了"；若大于计算机随机生成的数字，则提示"你猜大了"；若等于计算机随机生成的数字，则提示"恭喜你赢了"。要实现猜数字游戏功能，需要注意以下两点。

(1)　了解语句块与缩进的概念。
(2)　掌握正确使用流程图分析问题的技能。

【任务分析】

使用流程图来表示这个问题的业务逻辑会比较简单。

1. 认识并掌握流程图常用符号的含义。

2. 认真读题目，理清题目中的业务逻辑。

3. 使用流程图表示题目中的业务逻辑。

4. 形象化地理解语句块与缩进的概念。

在画流程图时，可以使用 Microsoft Visio、Draw.io 等画图工具来完成。难点是厘清这个问题的业务逻辑。

【任务实施】

任务活动 3.1.1　语句块

语句块，即成块的代码，可由单行语句或者若干行语句组成。语句块与块外的代码处于不同的层次关系。Python 通过缩进来组织代码块，这是 Python 的强制要求。

(1) 定义语句块有如下规律。

① 定义语句块的语句需要以冒号结尾，表示从下一行开始需要增加一级缩进。此后的每一行都属于同一个语句块，需要有相同的缩进量。

② 在语句块中需进一步声明一个新的语句块时，需增加一级缩进，以此类推。

③ 当在语句块中减少缩进量时，表示当前语句块已经结束，后续的行将回退到上一层。特别地，当语句缩进量减少至 0 时(即顶格书写)，表示已经位于顶层代码。

(2) Python 的代码块用行首的缩进来标明语句块，其他大部分编程语言用大括号({})来定义语句块，Python 中定义各级代码块的缩进量为 4 个空格。以缩进定义代码块的优势是提高了代码的可读性和可维护性。

任务活动 3.1.2　程序流程图

程序流程图是用规定的符号描述一个专用程序中所需要的各项操作或判断的图示。这种流程图着重说明程序的逻辑性与处理顺序，具体描述程序解题的逻辑及步骤。当程序中有较多循环语句和跳转语句时，程序的结构将比较复杂，给程序设计与阅读造成困难。程序流程图用图的形式展示程序流向，是算法的一种图形化表示方法，具有直观、清晰、更易理解的特点。程序流程图由处理框、判断框、起止框、连接点、流程线、注释框等构成，并结合相应的算法，构成整个程序流程。

(1) 处理框具有处理功能。

(2) 判断框(菱形框)具有条件判断功能，有一个入口、两个出口。

(3) 起止框表示程序的开始或结束。

(4) 连接点可将流程线连接起来。

(5) 流程线表示流程的路径和方向。

(6) 注释框是对流程图中某些框做必要的补充说明。

流程图常用符号的画法如表 3-1 所示。

表 3-1　流程图常用符号

符　号	名　称	功　能
⬭	起止框	表示算法的开始和结束
▭	处理框	表示执行一个步骤(指代一条或多条语句)
◇	判断框	表示要根据条件选择执行路线，离开的箭头会多于一个
▱	输入/输出框	表示需要用户输入或由计算机自动输出的信息
→	流程线	指示流程方向

任务活动 3.1.3　实施步骤

通过对以上内容的学习，读者对流程图常用符号有了一定的认识。针对题目中的业务逻辑，使用 Draw.io 画图软件，画出本项目任务的流程图如图 3-1 所示。

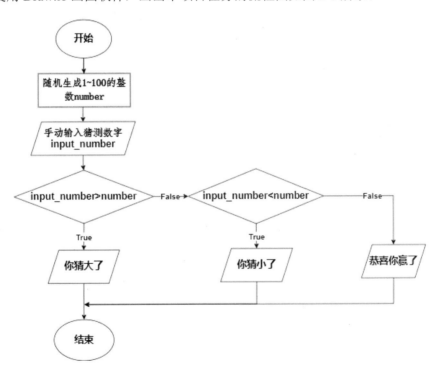

图 3-1　猜数字程序流程图

【任务评估】

本任务的任务评估表如表 3-2 所示，请根据学习实践情况进行评估。

表 3-2　自我评估与项目小组评价

任务名称					
小组编号		场地号		实施人员	
自我评估与同学互评					
序　号	评　估　项	分　值	评估内容		自我评价
1	任务完成情况	30	按时、按要求完成任务		
2	学习效果	20	学习效果符合学习要求		
3	笔记记录	20	记录规范、完整		
4	课堂纪律	15	遵守课堂纪律，无事故		
5	团队合作	15	服从组长安排，团队协作意识强		
自我评估小结					

任务小结与反思：通过完成上述任务，你学到了哪些知识或技能？

组长评价：

任务 3.2　分支结构

【任务描述】

在猜数字游戏中，用户每输入一次猜测的数字，程序都会做出相应的提示。正如在生活中，大家总是要做出许多选择，程序也是一样，这就是程序中的选择语句，也称为条件语句。

【任务分析】

在程序中实现选择或条件语句，就要了解选择语句的用法。在 Python 中选择语句主要有三种形式，分别为 if 语句、if...else 语句和 if...elif...else 多分支语句。

【任务实施】

任务活动 3.2.1　if 语句

if 语句由关键字 if、判断条件和冒号组成，if 语句和从属于该语句的代码段共同组成选择结构。

语法格式如下：

```
#典型的 if 语句块
if 条件表达式:
    代码段
```

其中，条件表达式可以是一个单纯的布尔值或变量，也可以是比较表达式或逻辑表达式(如 a>b and a!=c)。如果表达式的值为真，就执行 if 语句之后的代码段；如果表达式的值为假，则跳过代码段，继续执行后面的语句。这种形式的 if 语句就相当于汉语里的"如果……就……"，其流程图如图 3-2 所示。

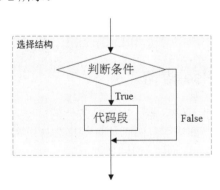

图 3-2　最简单的 if 语句的执行流程

执行 if 语句时，若 if 语句的判断条件成立(判断条件的布尔值为 True)，执行之后的代码段；若 if 语句的判断条件不成立(判断条件的布尔值为 False)，则跳出选择结构，继续向下执行。

比如，一名学生的 Python 成绩是 95 分，那么他的评级是否为优秀呢？(90 分及以上评级为优秀)可以使用 if 语句实现该功能，本例的流程图如图 3-3 所示。

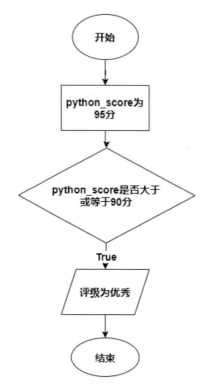

图 3-3　判断学生是否成绩优秀流程图

根据流程图，写出程序：

```
1   python_score=95
2   if python_score >= 90:
3       print("学生评级为优秀！")
```

运行结果：

```
学生评级为优秀！
```

任务活动 3.2.2　if...else 语句

在实际生活中，一些场景不仅需要处理满足条件的情况，也需要对不满足条件的情况做特殊处理。因此，Python 提供了可以同时处理满足条件和不满足条件的 if...else 语句。

```
#注意代码缩进
if 条件表达式:
    代码段 1
else:
    代码段 2
```

使用 if...else 语句时，条件表达式可以是一个单纯的布尔值或变量，也可以是比较表达式或逻辑表达式。如果表达式的值为真，就执行 if 后面的代码段；否则就执行 else 后面的代码段。这种形式的选择语句就相当于汉语里的"如果……否则……"，其流程图如图 3-4 所示。

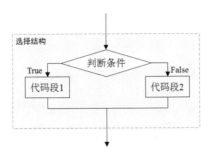

图 3-4　if...else 语句流程图

执行 if...else 语句时，若判断条件成立，执行 if 语句之后的代码段 1；若判断条件不成立，执行 else 语句之后的代码段 2。

比如，某名学生 17 岁，那么他是否已经是成年人了呢？可以使用 if...else 语句实现该功能，本例的流程图如图 3-5 所示。

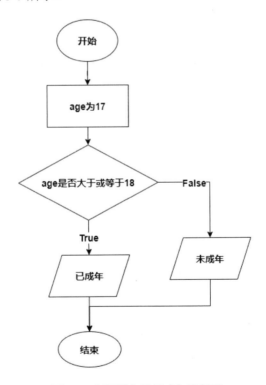

图 3-5　判断学生是否成年流程图

根据流程图，写出程序。

```
1    age = 17
2    if age >= 18:
3        print("学生已成年！")
4    else:
5        print("学生未成年！")
```

运行结果：

学生未成年！

任务活动 3.2.3　if…elif…else 语句

开发程序时，如果遇到多选一的情况，可以使用 if…elif…else 语句。该语句是一个多分支选择语句，通常表现为"如果满足条件，则进行某种处理；否则，满足另一种条件，则进行另一种处理……"。if…elif…else 语句的语法格式如下：

```
#注意代码块中的缩进情况
if 条件表达式1:
    代码段 1
elif 条件表达式2:
    代码段 2
elif 条件表达式3:
    代码段 3
...
else:
    代码段 n
```

使用 if…elif…else 语句时，条件表达式可以是一个单纯的布尔值或变量，也可以是比较表达式或逻辑表达式。如果表达式的值为真，就执行语句；如果表达式的值为假，则跳过该语句，进行下一个 elif 判断；只有在所有表达式的值都为假的情况下，才会执行 else 中的语句。if…elif…else 语句的流程图如图 3-6 所示。

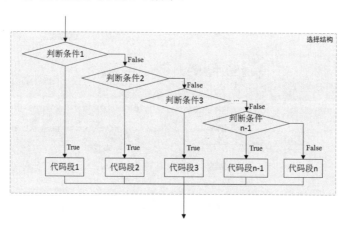

图 3-6　if…elif…else 语句流程图

执行 if…elif…else 语句时，若 if 条件成立，执行 if 语句之后的代码段 1；若 if 条件不成立，判断 elif 语句的判断条件 2，条件 2 成立则执行 elif 语句之后的代码段 2，否则继续向下执行。以此类推，直至所有的判断条件均不成立，执行 else 语句之后的代码段。

注意：if 和 elif 都需要判断表达式的真假，而 else 则不需要判断；另外，elif 和 else 都必须跟 if 一起使用，不能单独使用。

比如，对于学生的成绩，评级细分为"优秀""良""中等""及格""不及格"5 个级别。如果一个学生的 Python 成绩是手动输入的，那么用程序实现评级应该如何做？本例的流程图如图 3-7 所示。

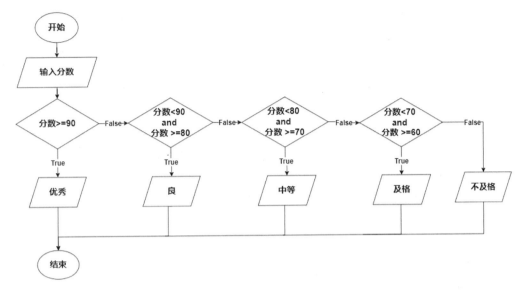

图 3-7 学生成绩评级流程图

根据流程图写出程序：

```
1   python_score = int(input("请输入您的成绩: "))
2   if python_score >= 90:
3       print('优秀')
4   elif python_score >= 80:
5       print('良')
6   elif python_score >= 70:
7       print('中')
8   elif python_score >= 60:
9       print('合格')
10  else:
11      print('不合格')
```

运行结果：

```
请输入您的成绩: 82
良
```

任务活动 3.2.4 嵌套分支结构

前面介绍了三种形式的选择语句，这三种形式的选择语句都可以互相嵌套。例如，在最简单的 if 语句中嵌套 if...else 语句，语法形式如下：

```
if 条件表达式:
    代码段 1
else:
    代码段 2
```

例如，在 if...else 语句中嵌套 if...else 语句，语法形式如下：

```
if 条件表达式 1:
if 条件表达式 2:
        代码段 1
else:
        代码段 2
else:
    if 条件表达式 3:
        代码段 3
    else:
        代码段 4
```

选择语句可以有多种嵌套形式，开发程序时，可以根据实际需要选择嵌套方式，但一定要严格控制好不同级别代码段的缩进量。

任务活动 3.2.5 实施步骤

前面的内容中，介绍了分支结构的常见形式。现在，可以实现用户输入猜测的数字，与计算机产生的 1～100 的随机数做比较。

操作步骤如下。

(1) 双击桌面上的 PyCharm 快捷方式图标，进入 PyCharm 开发环境，这时 PyCharm 会默认进入最近一次操作的项目。选择 File | New Project 命令，如图 3-8 所示。

图 3-8 新建项目

(2) 在弹出的对话框中输入项目名称 project3，并核对项目默认的解释器路径是否正确。单击 Create 按钮，新项目创建成功，如图 3-9 所示。

(3) 在新建的项目名称 project3 上右击，选择 New | Python File 命令，弹出 New Python file 对话框，输入 Python 文件名 guess_number.py，按 Enter 键即可完成 Python 文件的创建，如图 3-10、图 3-11 所示。

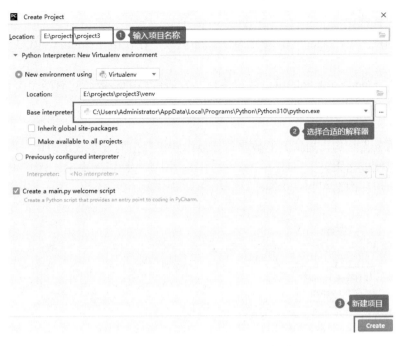

图 3-9　输入项目名称完成项目创建

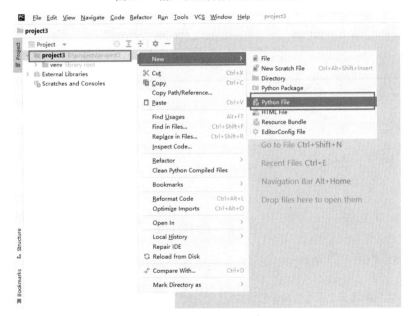

图 3-10　新建 Python 文件

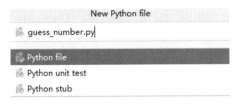

图 3-11　输入 Python 文件名

(4) 实现步骤。

① Python 中的 randint()函数用来生成随机数，在使用 randint()函数之前，需要调用 random 库。

② 调用 random.randint()可以随机生成指定范围内的整数，它有两个参数，一个是范围上限，一个是范围下限。

③ 输入一个猜测数字。

④ 使用分支结构，把猜测的数字与计算机随机产生的数字做比较。

⑤ 输出比较结果。

(5) 程序流程图如图 3-12 所示。

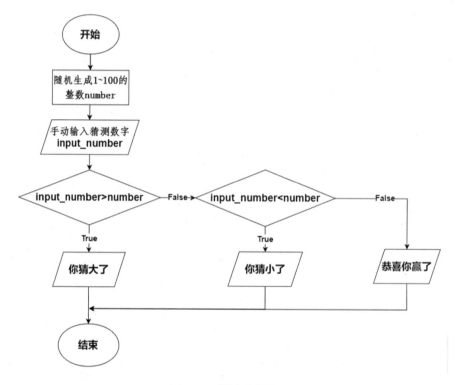

图 3-12 程序流程图

(6) 完整代码如下所示。

```
1   import random
2   # 模拟电脑随机生成 1～100 的整数
3   number = random.randint(1, 100)
4   #手动输入猜测数字，并对输入的值进行类型转换
5   input_number = int(input("请输入 1~100(包括 1 和 100)的整数："))
6   #手动输入的猜测数与电脑随机产生的数字做比较，并输出比较结果
7   if (input_number > number):
8       print("你猜大了")
9   elif (input_number < number):
10      print("你猜小了")
11  else:
12      print("恭喜你赢了")
```

(7)　为了测试方便，可以再添加一行代码，这行代码可以输出计算机随机产生的数字。具体代码如下。

```
1    import random
2    # 模拟电脑随机生成 1~100 的整数
3    number = random.randint(1, 100)
4    # 输出电脑随机产生的数字
5    print("电脑随机产生的数字是%d"%number)
6    #手动输入猜测数字，并对输入的值进行类型转换
7    input_number = int(input("请输入 1~100(包括 1 和 100)的整数："))
8    #手动输入的猜测数与电脑随机产生的数字做比较，并输出比较结果
9    if (input_number > number):
10       print("你猜大了")
11   elif (input_number < number):
12       print("你猜小了")
13   else:
14       print("恭喜你赢了")
```

(8)　运行程序，结果如图 3-13 所示。

图 3-13　程序运行结果

【任务评估】

本任务的任务评估表如表 3-3 所示，请根据学习实践情况进行评估。

表 3-3　自我评估与项目小组评价

任务名称					
小组编号		场地号		实施人员	
自我评估与同学互评					
序　号	评估项	分　值	评估内容		自我评价
1	任务完成情况	30	按时、按要求完成任务		
2	学习效果	20	学习效果符合学习要求		
3	笔记记录	20	记录规范、完整		
4	课堂纪律	15	遵守课堂纪律，无事故		
5	团队合作	15	服从组长安排，团队协作意识强		
自我评估小结					

任务小结与反思：通过完成上述任务，你学到了哪些知识或技能？

组长评价：

任务 3.3　循环结构

猜数字游戏——
循环结构

【任务描述】

任务 3.2 中，实现了运行一次程序，玩一次猜数字游戏的功能。在日常生活中，大家可能需要反复地玩这个游戏，直到猜对数字时再停止。现在对猜数字游戏进行改进：用户每输入一次猜测的数字，程序都会做出相应的提示，若用户输入的数字小于计算机随机生成的数字，则提示"你猜小了"；若大于计算机随机生成的数字，则提示"你猜大了"；若等于计算机随机生成的数字，则提示"恭喜你赢了"，并且在用户猜错的情况下会让用户重新输入，直到用户猜对为止。

【任务分析】

正如在生活中有很多问题都无法一次性解决，如盖楼，所有高楼都是一层一层建起来的。此外，有一些事物必须要周而复始地运转下去，才能保证其存在的意义。类似于这种问题，称为循环。循环主要有以下两种情形。

(1)　重复无限的次数。

(2)　重复一定的次数。

在猜数字游戏中，只要保证循环条件一直为真，就可以反复玩这个数字游戏，直到猜中数字。如果把循环条件设置为假，循环也可以正常结束。

【任务实施】

任务活动 3.3.1　while 语句

while 循环是通过一个循环条件来控制是否要继续反复执行循环体中的语句，该循环条件称为循环变量，其语法格式如下：

```
while 条件表达式:
    循环体
```

while 语句一般用于实现条件循环，该语句由关键字 while、循环条件和冒号组成。while语句和从属于该语句的循环体组成循环结构。这里所说的循环结构，一般是指需要反复执行的语句。

当条件表达式的返回值为真时，将执行循环体中的语句。执行完毕后，重新判断条件表达式的返回值，直到表达式返回的结果为假时，退出循环。程序执行流程图如图 3-14 所示。

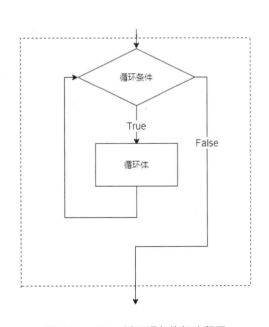

图 3-14　while 循环语句执行流程图

任务活动 3.3.2 for 语句

for 语句一般用于实现遍历循环。遍历指逐一访问目标对象中的数据，例如逐个访问字符串中的字符。遍历循环指在循环中完成对目标对象的遍历，其语法格式如下：

```
for 迭代变量 in 对象:
    循环体
```

其中迭代变量用于保存读取的值，对象为要遍历或迭代的对象，该对象可以是任何有序的序列对象，如字符串、列表和元组等。循环体为一组需要被重复执行的语句。

其程序执行流程图如图 3-15 所示。

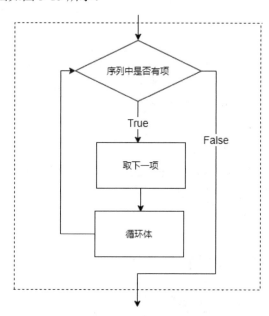

图 3-15　for 循环语句执行流程图

(1) for 语句经常与 range()函数搭配使用。

内置函数 range(start,end,step)可用于生成一个等差数列，它返回的是一个特殊的 range 类的实例，本质上是一个迭代器对象。各参数说明如下。

① start：用于指定计数的起始值，可以省略，如果省略则从 0 开始。

② end：用于指定计数的结束值[不包括该值。如 range(7)，则得到的值为 0~6，不包括 7]，不能省略。当 range()函数中只有一个数据时，即表示指定计数的结束值。

③ step：用于指定步长，即两个数之间的间隔，可以省略，如果省略则表示步长为 1。例如 range(1,7)，将得到 1、2、3、4、5、6。

注意：在使用 range()函数时，如果只有一个参数，表示指定的是 end；如果有两个参数，表示指定的是 start 和 end；只有 3 个参数都存在时，最后一个参数 step 才表示步长。

例如，使用 for 循环语句，输出 10 以内的所有奇数。

```
1   for i in range(1,10,2):        #相邻奇数之间相差的值为2，所以步长设为2
2       print(i,end=",")
```

得到的结果如下：

```
1,3,5,7,9,
```

在 Python 3.x 中，使用 print()函数时，如果想要实现输出的内容在一行上显示，就需要加上"end='分隔符'"。在上述代码中使用的分隔符为逗号。

(2)　还可以使用 for 循环语句遍历字符串。例如，定义一个字符串，遍历字符串。

```
1    str="我爱中华人民共和国"
2    print(str)
3    for ch in str:
4        print(ch)
```

运行结果：

```
我爱中华人民共和国
我
爱
中
华
人
民
共
和
国
```

for 循环语句还可以用于迭代(遍历)列表、元组等，这将会在后文详细介绍。

任务活动 3.3.3　无限循环

当一个循环可以执行无限次，也就是没有终止条件时，这个循环就是无限循环。如果在编写程序过程中，没有控制好循环条件，很可能会引发无限循环。如下例：

```
1    while True:
2        print('Hello World')
3    # 循环条件一直是 True，因此会永无止境地打印输出 Hello World
```

再看另一个例子：

```
1    i = 0
2    while i < 3:
3        print(i)
4    # 由于漏掉了 i = i + 1，导致循环变量 i 的值一直为 0，进入死循环
```

无限循环是不正常的，会浪费计算机资源，因此，应当尽可能避免出现无限循环。

任务活动 3.3.4　循环嵌套

在 Python 中，允许一个循环中嵌入另一个循环，这称为循环嵌套。在 Python 中，for 循环和 while 循环都可以嵌套。

在 while 循环中套用 while 循环的格式如下：

```
while 条件表达式1:
    while 条件表达式2:
        循环体 2
    循环体 1
```

在 for 循环中套用 for 循环的格式如下:

```
for 迭代变量1 in 对象1:
    for 迭代变量2 in 对象2:
        循环体 2
    循环体 1
```

在 while 循环中套用 for 循环的格式如下:

```
while 条件表达式:
    for 迭代变量 in 对象:
        循环体 2
    循环体 1
```

在 for 循环中套用 while 循环的格式如下:

```
for 迭代变量 in 对象:
    while 条件表达式:
        循环体 2
    循环体 1
```

嵌套方式多种多样,不拘泥于以上几种,大家可以根据实际情况灵活选用。这里以 for 循环嵌套打印九九乘法表为例做演示。

```
1    for i in range(1,10):
2        for j in range(1,i+1):
3            print(str(j) + "×" + str(i) + "=" + str(i*j) ,end =" ")
4        print()
```

运行结果如下:

```
1×1=1
1×2=2 2×2=4
1×3=3 2×3=6  3×3=9
1×4=4 2×4=8  3×4=12 4×4=16
1×5=5 2×5=10 3×5=15 4×5=20 5×5=25
1×6=6 2×6=12 3×6=18 4×6=24 5×6=30 6×6=36
1×7=7 2×7=14 3×7=21 4×7=28 5×7=35 6×7=42 7×7=49
1×8=8 2×8=16 3×8=24 4×8=32 5×8=40 6×8=48 7×8=56 8×8=64
1×9=9 2×9=18 3×9=27 4×9=36 5×9=45 6×9=54 7×9=63 8×9=72 9×9=81
```

任务活动 3.3.5　实施步骤

前面的内容中介绍了循环结构的常见形式。现在不仅可以实现输入猜测的数字,与计算机随机产生的 1～100 的数字做比较,还可以反复地玩这个游戏直到猜中数字为止。

操作步骤如下。

(1) 双击桌面上的 PyCharm 快捷方式图标,进入 PyCharm 开发环境,这时 PyCharm 会默认打开最近一次操作的项目 project3。单击文件 guess_number.py,可以在代码编辑区看到该文件的全部代码，如图 3-16 所示。

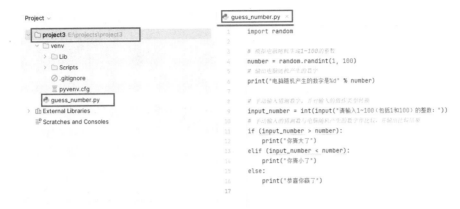

图 3-16　打开项目

(2)　在程序中，要实现反复玩猜数字游戏，直到猜中数字，游戏停止。需要用到本任务学到的循环结构，程序流程图如图 3-17 所示。

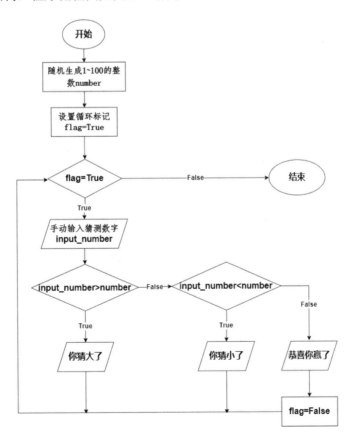

图 3-17　循环猜数字游戏流程图

(3)　完整代码如下所示。

```
1    import random
2    # 模拟电脑随机生成 1~100 的整数
3    number = random.randint(1, 100)
4    #设置循环标记
5    flag = True
6    #判断循环是否继续
7    while flag:
8        #手动输入猜测数字，并对输入的值进行类型转换
9        input_number = int(input("请输入 100 以内的整数："))
10       #手动输入的猜测数与电脑随机产生的数字做比较，并输出比较结果
11       if (input_number > number):
12           print("你猜大了")
13       elif (input_number < number):
14           print("你猜小了")
15       else:
16           print("恭喜你赢了")
17           flag=False
```

(4) 为了测试方便，可以再添一行代码，这行代码可以输出计算机随机产生的数字。具体代码如下。

```
1    import random
2    # 模拟电脑随机生成 1~100 的整数
3    number = random.randint(1, 100)
4    # 输出电脑随机产生的数字
5    print("电脑随机产生的数字是%d"%number)
6    #设置循环标记
7    flag = True
8    #判断循环是否继续
9    while flag:
10       #手动输入猜测数字，并对输入的值进行类型转换
11       input_number = int(input("请输入 100 以内的整数："))
12       #手动输入的猜测数与电脑随机产生的数字做比较，并输出比较结果
13       if (input_number > number):
14           print("你猜大了")
15       elif (input_number < number):
16           print("你猜小了")
17       else:
18           print("恭喜你赢了")
19           flag=False
```

(5) 运行程序，结果如图 3-18 所示。

```
E:\projects\project3\env\Scripts\python.exe E:\projects\project3\guess_number.py
电脑随机产生的数字是70
请输入100以内的整数：50
你猜小了
请输入100以内的整数：75
你猜大了
请输入100以内的整数：70
恭喜你赢了

Process finished with exit code 0
```

图 3-18   程序运行结果

【任务评估】

本任务的任务评估表如表 3-4 所示，请根据学习实践情况进行评估。

表 3-4　自我评估与项目小组评价

任务名称					
小组编号		场地号		实施人员	
自我评估与同学互评					
序　号	评 估 项	分　值	评估内容		自我评价
1	任务完成情况	30	按时、按要求完成任务		
2	学习效果	20	学习效果符合学习要求		
3	笔记记录	20	记录规范、完整		
4	课堂纪律	15	遵守课堂纪律，无事故		
5	团队合作	15	服从组长安排，团队协作意识强		
自我评估小结					

任务小结与反思：通过完成上述任务，你学到了哪些知识或技能？

组长评价：

任务 3.4　其他语句

【任务描述】

任务 3.3 中，已经可以通过运行一次程序，反复地玩这个游戏，直到猜中数字为止。当然，也可以根据用户需要手动停止游戏，这样会使游戏变得更有趣。

【任务分析】

我们要实现可以根据自己的意愿去玩或结束猜数字游戏，就要弄清楚循环条件的限制，因为在循环条件一直为真时，循环就可以持续下去，直到循环条件不满足，循环即结束。或者说，即使循环条件为真，也可以使用循环控制语句，手动结束游戏。这样就会简化程序的业务逻辑。

【任务实施】

任务活动 3.4.1　break 语句

使用 break 语句可以终止当前的循环，包括 while 和 for 在内的所有控制语句。比如猜数字游戏，如果用户不想继续玩了，就可以使用 break 语句终止循环。break 语句的语法比较简单，只需要在相应的 while 或 for 语句中加入即可。break 语句多结合 if 语句进行使用，表示在某种条件下跳出循环。如果用左嵌套循环中，则 break 语句将跳出最内层的循环。

在 while 语句中使用 break 语句的形式如下：

```
while 条件表达式 1:
    执行代码
    if 条件表达式 2:
        break
```

当条件表达式 2 成立的时候，则执行 break 语句跳出循环。程序流程图如图 3-19 所示。

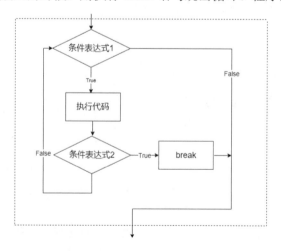

图 3-19　在 while 语句中使用 break 语句流程图

在 for 语句中使用 break 语句的形式如下：

```
for 迭代变量 in 对象:
    执行代码
    if 条件表达式2:
        break
```

同理，条件表达式 2 如果成立，则调用 break 语句跳出循环。程序流程图如图 3-20 所示。

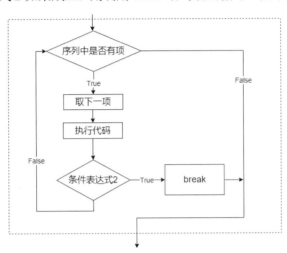

图 3-20　在 for 语句中使用 break 语句流程图

比如，解决黄蓉与瑛姑见面的数学题：“今有物不知其数，三三数之剩二，五五数之剩三，七七数之剩二，问几何？”可以通过在 for 语句中使用 break 语句实现。

```
1   print("今有物不知其数，三三数之剩二，五五数之剩三，七七数之剩二，问几何？")
2   for number in range(100):
3       if(number%3 ==2)and(number%5 ==3)and(number%7 ==2):#判断是否符合条件
4           print("答曰：这个数是",number)         # 输出符合条件的数
5           break
```

第 3 行代码的意思是：判断当前的数字，是否同时满足除以 3 余 2、除以 5 余 3、除以 7 余 2 这三个条件，如果满足该条件，则该数字就是我们要找的数，并打印输出。最后一行代码是一条 break 语句，数字找到了，程序会直接退出 for 循环。

程序运行结果是：

```
今有物不知其数，三三数之剩二，五五数之剩三，七七数之剩二，问几何？
答曰：这个数是 23
```

任务活动 3.4.2　continue 语句

continue 语句没有 break 语句强大，它只能中止本次循环而提前进入下一次循环。continue 语句的语法比较简单，只需要在相应的 while 或 for 语句中加入即可。continue 语句多结合 if 语句进行使用，表示在某种条件下跳过当前循环剩下的语句，然后继续下一轮循环。如果用在嵌套循环中，则 continue 语句将只跳过最内层循环中剩余语句。

在 while 语句中使用 continue 语句的形式如下：

```
while 条件表达式1:
    执行代码
    if 条件表达式2:
        continue
```

其中，条件表达式 2 用于判断何时调用 continue 语句跳出循环。在 while 语句中使用 continue 语句的流程图如图 3-21 所示。

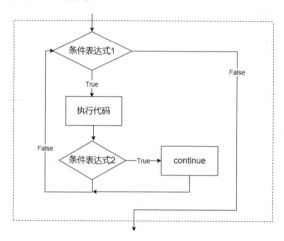

图 3-21　在 while 语句中使用 continue 语句流程图

在 for 语句中使用 continue 语句的形式如下：

```
for 迭代变量 in 对象:
    执行代码
    if 条件表达式:
        continue
```

其中，条件表达式用于判断何时调用 continue 语句跳出循环。在 for 语句中使用 continue 语句的流程图如图 3-22 所示。

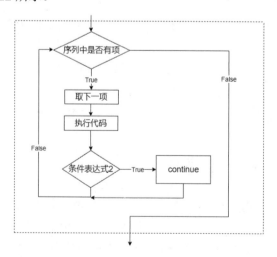

图 3-22　在 for 语句中使用 continue 语句的流程图

例如，计算 100 以内(不包括 100)所有偶数的和。

```
1    total = 0                              #用于保存累加和的变量
2    for number in range(1,100):
3        if number%2 == 1:                  #判断是否符合条件
4            continue                       #继续下一次循环
5        total += number                    #累加偶数的和
6    print("1~100 以内所有的偶数和为: ",total)  #输出累加结果
```

第 3 行代码的意思是：判断当前的数字是否奇数，如果是奇数，则执行第 4 行的 continue 语句，并且会跳过当前循环体后面的累加操作，直接进入下一次循环。

程序运行结果是：

```
100 以内(不包括 100)所有偶数的和为:  2450
```

任务活动 3.4.3　pass 语句

在 Python 中还有一条 pass 语句，表示空语句。它不做任何事情，一般起到占位的作用。例如，利用 for 循环得到 0~10 所有整数，如果是偶数，则正常输出；如果是奇数，则使用 pass 语句占个位置，不做处理，或者方便以后再做处理。

```
1    for i in range(11):
2        if i % 2 == 0:
3            print(i,end=" ")
4        else:
5            pass
```

pass 语句并未对程序产生任何影响，程序运行结果是：

```
0 2 4 6 8 10
```

任务活动 3.4.4　异常语句

在程序开发时，有些错误并不是每次运行都会出现，我们可以使用一些语句来捕获程序运行中的异常。

1. try...except 语句

在 Python 中，可以使用 try...except 语句捕获处理异常。在使用该语句时，把可能会产生异常的代码放在 try 语句块 1 中，把处理结果放在 except 语句块 2 中，这样，当 try 语句块 1 中的代码出现错误，就会执行 except 语句块 2 中的代码；如果 try 语句块 1 中的代码没有错误，那么 except 语句块 2 将不会执行。该语句块的基本语法格式如下：

```
try:
语句块1
except [异常类型名称 [as alias]]:
语句块2
```

其中，语句块 1 表示可能会出现错误的代码块；异常类型名称为可选参数，用于指定要捕获的异常类型，如果在其后加上 as alias，则表示为当前的异常指定一个别名，通过该

Python 程序设计项目教程(微课版)

别名可以记录异常的具体内容；语句块 2 表示进行异常处理的代码块，可以输出提示信息，也可以通过别名输出异常的具体内容。

在使用 try...except 语句捕获异常时，如果在 except 后面不指定异常名称，则表示捕获全部异常。如下例为 try...except 的用法。

```
1   try:
2       num=eval(input("请输入一个数字："))
3       print(num**2)
4   except:
5       print("您输入的不是数字！")
```

eval()函数是 Python 的一个内置函数，这个函数的作用是：返回传入字符串的表达式的结果。也就是进行变量赋值，等号右边的表示是写成字符串的格式，返回值就是这个表达式的结果。

在程序执行的时候，输入一个字符串"abc"，那么 eval()函数执行产生异常，try 子句余下的部分将被忽略，对应的 except 子句将会被执行。

程序运行结果如下：

```
请输入一个数字：abc
您输入的不是数字！
```

2. try...except...else 语句

try...except 语句还有一个可选的 else 子句，用于指定当 try 语句块没有发生异常时要执行的语句块。如果使用 else 子句，必须将其放在所有的 except 子句之后。else 子句将在 try 子句没有发生任何异常的时候执行；如果 try 子句出现异常，则 else 子句不被执行。

其语法格式如下：

```
try:
    语句块 1
except [异常类型名称 [as alias]]:
    语句块 2
else:
    语句块 3              #不发生异常时执行
```

使用 else 包裹的代码，只有当 try 语句块没有发生任何异常时，才会得到执行；反之，如果 try 语句块发生异常，即便调用对应的 except 处理完异常，else 块中的代码也不会得到执行。异常处理并不仅处理那些直接发生在 try 子句中的异常，还能处理子句中调用的函数(甚至是间接调用的函数)中抛出的异常。

try...except...else 语句的用法，如下例：

```
1   try:
2       result = 20 / int(input('请输入除数:'))
3       print(result)
4   except:
5       print('算术错误，除数不能为 0')
6   else:
7       print('没有出现异常')
```

程序运行的结果如下:

```
请输入除数:5
4.0
没有出现异常
```

3. try...except...finally 语句

完整的异常处理语句应该包括 finally 子句,通常情况下,无论程序是否发生异常,finally 子句都将执行。

try...except...finally 的用法,如下:

```
try:
    语句块 1
except [异常类型名称 [as alias]]:
    语句块 2
else:
    语句块 3                #不发生异常时执行
finally:
    语句块 4                #无论是否发生异常,最终都会执行
```

try...except...finally 语句比 try...except 语句多了一个 finally 子句,如果程序中有一些在任何情形下都必须执行的代码,那么就可以将它们放在 finally 子句中。

无论是否发生了异常,finally 子句都可以执行,例如分配了有限的资源,则应将释放这些资源的代码放置在 finally 子句中。

try...except...finally 的用法如下:

```
1    try:
2        number = int(input("请输入 number 的值:"))
3        print( 20/number )
4    except:
5        print("发生异常! ")
6    else:
7        print("执行 else 块中的代码")
8    finally :
9        print("执行 finally 块中的代码")
```

程序运行结果如下:

```
请输入 number 的值: 0
发生异常!
执行 finally 块中的代码
```

可以看到,虽然程序发生了异常,但是 finally 子句还是执行了。

任务活动 3.4.5　实施步骤

前文介绍了循环结构的常见形式。通过循环控制,实现了用户可以反复地玩猜数字游戏,直到猜中数字。接下来要实现用户可以中途中止游戏。操作步骤如下。

(1) 双击桌面上的 PyCharm 快捷方式图标,进入 PyCharm 开发环境,这时 PyCharm 会默认打开最近一次操作的项目 project3。单击文件 guess_number.py,可以在代码编辑区看到

该文件的全部代码，如图 3-23 所示。

图 3-23　打开项目

(2)　要实现手动中止游戏的功能，简化业务逻辑，程序流程图如图 3-24 所示。

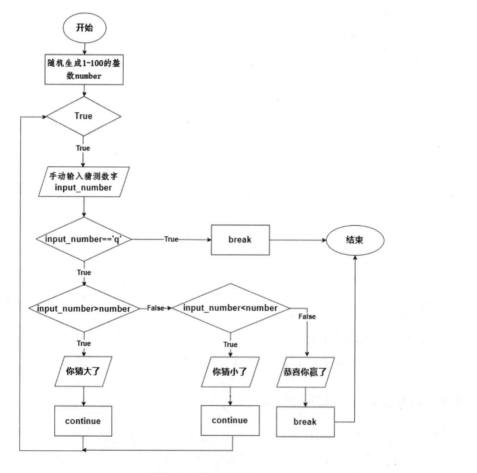

图 3-24　程序流程图

(3) 完整代码如下。

```
1    import random
2    # 模拟电脑随机生成 1~100 的整数
3    number = random.randint(1, 100)
4    # 输出电脑随机产生的数字
5    print("电脑随机产生的数字是%d"%number)
6    #判断循环是否继续
7    while True:
8        #手动输入猜测数字，并对输入的值进行类型转换
9        input_number = input("请输入 100 以内的整数：")
10       if(input_number=='q'):
11           print("游戏中止！")
12           break
13       input_number = int(input_number)
14       #将手动输入的猜测数与电脑随机产生的数字做比较，并输出比较结果
15       if (input_number > number):
16           print("你猜大了")
17           continue
18       elif (input_number < number):
19           print("你猜小了")
20           continue
21       else:
22           print("恭喜你赢了")
23       break
```

(4) 运行程序，结果如图 3-25 所示。

```
Run:    guess_number
         E:\projects\project3\venv\Scripts\python.exe E:/projects/project3/guess_number.py
         电脑随便产生的数字是17
         请输入100以内的整数：20
         你猜大了
         请输入100以内的整数：15
         你猜小了
         请输入100以内的整数：q
         游戏中止！

         Process finished with exit code 0
```

图 3-25　程序运行结果

【任务评估】

本任务的任务评估表如表 3-5 所示，请根据学习实践情况进行评估。

表 3-5　自我评估与项目小组评价

任务名称					
小组编号		场地号		实施人员	
自我评估与同学互评					
序　号	评估项	分　值	评估内容		自我评价
1	任务完成情况	30	按时、按要求完成任务		
2	学习效果	20	学习效果符合学习要求		
3	笔记记录	20	记录规范、完整		
4	课堂纪律	15	遵守课堂纪律，无事故		
5	团队合作	15	服从组长安排，团队协作意识强		
自我评估小结					

任务小结与反思：通过完成上述任务，你学到了哪些知识或技能？

组长评价：

项 目 总 结

【项目实施小结】

通过对本项目的学习，读者对 Python 中的分支结构和循环结构有了感性的认识。它们不仅仅存在于 Python 中，在 C、C++、Java 等编程语言中，也是随处可见的。它们是构造程序逻辑的基础，对于初学者来说也是相对困难的部分。大部分初学者在学习了分支结构和循环结构后都能理解它们的用途和用法，但是遇到实际问题的时候又无法下手。如果遇到这样的问题和困惑，千万不要沮丧，因为这只是刚刚开始编程之旅，只要加强编程练习就可以提升大家的编码水平，还能提升大家的理解与逻辑思维能力。学好分支结构、循环结构的用法，是学好 Python 的重中之重。下面请读者根据项目所学内容，从本项目实施过程中遇到的问题、解决办法以及收获和体会等各方面进行认真总结，并形成总结报告。

【举一反三能力】

1. 在猜数字的游戏中，1 到 100 之间的整数，最坏的情况下需要猜多少次才能猜中？如果是 1 到 10000 之间呢？

2. 使用 range() 函数生成的数列是闭区间还是开区间？

【对接产业技能】

1. 无限循环在实际开发中有一定的用处。

2. 短路逻辑是有好处的，其他的编程语言如 C 语言等均有短路逻辑。

3. for 循环的本质是对一个可迭代对象进行遍历。

4. 分支结构、循环结构的控制是有很多方式的，程序开发过程中经常有殊途同归的现象。

项目拓展训练

【基本技能训练】

通过项目学习，回答以下问题。

1. break 语句和 continue 语句的区别及应用是什么？

2. for 循环和 range() 函数搭配使用，常用于固定次数的循环，还是不固定次数的循环？

3. 在嵌套循环中如何退出多层循环？

4. 为什么要使用 pass 语句作为占位符？如果不写 pass 语句会怎样？为什么？

5. 循环结构的四要素必须齐备吗？有哪些部分可以缺失？

【综合技能训练】

根据项目学习、生活观察和资料收集，使用循环解决斐波那契数列问题。

注意，斐波那契数列指的是这样一个数列：1，1，2，3，5，8，13，21，34，55，89…这个数列从第 3 项开始，每一项都等于前两项之和。

项 目 评 价

【评价方法】

对本项目学习的评价采用自我评价、小组评价、教师评价相结合的评价方式，分别从项目实施、核心任务完成、拓展训练三个方面进行。

【评价指标】

本项目的评价指标体系如表 3-6 所示，请根据学习实践情况进行打分。

表 3-6　项目评价表

项目名称			项目承接人				小组编号	
猜数字游戏——Python 流程控制语句								
项目开始时间	项目结束时间		小组成员					
评价指标			分值	评价细则		自我评价	小组评价	教师评价
项目实施情况(20 分)	纪律情况(5 分)	项目实施准备	1	准备书、本、笔、设备等				
		积极思考回答问题	2	视情况评分				
		跟随教师进度	2	视情况评分				
		违反课堂纪律	0	此为否定项，如有违反，根据情况直接在总得分基础上扣 0~5 分				
	考勤(5 分)	迟到、早退	5	迟到、早退者，每项扣 2.5 分				
		缺勤	0	此为否定项，如有违反，根据情况直接在总得分基础上扣 0~5 分				
	职业道德(5 分)	遵守规范	3	根据实际情况评分				
		认真钻研	2	依据实施情况及思考情况评分				
	职业能力(5 分)	总结能力	3	按总结的全面性、条理性进行评分				
		举一反三能力	2	根据实际情况评分				
核心任务完成情况(60 分)	猜数字游戏——Python 流程控制语句(40 分)	流程控制	2	语句块				
			2	程序流程图				
		分支结构	4	if 语句				
			4	if...else 语句				
			4	if...elif...else 语句				
			4	嵌套分支结构				

续表

评价指标			分值	评价细则	自我评价	小组评价	教师评价
核心任务完成情况 (60 分)	猜数字游戏 —— Python 流程控制语句 (40 分)	循环结构	3	while 语句			
			3	for 语句			
			3	无限循环			
			3	循环嵌套			
		其他语句	2	break 语句			
			2	continue 语句			
			2	pass 语句			
			2	异常语句			
	综合素养 (20 分)	语言表达	5	互动、讨论、总结过程中的表达能力			
		问题分析	5	问题分析情况			
		团队协作	5	实施过程中的团队协作情况			
		工匠精神	5	敬业、精益、专注、创新等			
拓展训练情况 (20 分)	基本技能和综合技能 (20 分)	基本技能训练	10	基本技能训练情况			
		综合技能训练	10	综合技能训练情况			
总分							
综合得分(自我评价 20%，小组评价 30%，教师评价 50%)							
组长签字：				教师签字：			

项目4

简易电话簿——
Python 复合数据类型

案例导入

经过对前面项目的学习，大家已经掌握了数值类型、布尔类型等基础数据类型，这种类型不可再分解为其他类型。在使用 Python 编程解决实际问题的过程中，我们常常会遇到数据中包含多种类型的情况。比如，编写一个简易电话簿程序，存储个人信息时姓名是文本字符，而手机号码是数字，它们往往是相互关联的，一个姓名对应着唯一的手机号，同时该电话簿可能具备新增联系人、查看联系人信息、删除联系人等功能。我们就需要用到字符串、列表、元组、字典和集合等包含多个相互关联的数据元素的复合数据类型。本项目我们将通过学习编写简易电话簿的程序来掌握 Python 复合数据类型，实现过程中需要结合实际需求来选择合适的数据类型。

任务导航

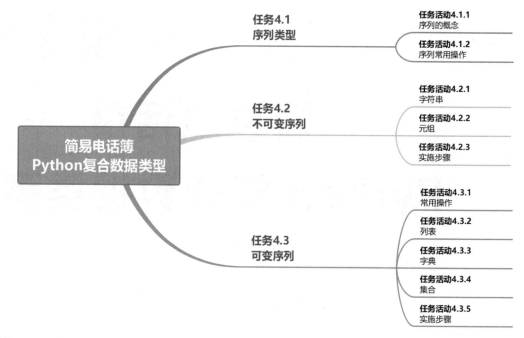

学习目标

知识目标

1. 了解序列的概念。
2. 理解序列常用操作。
3. 理解不可变序列的概念。
4. 掌握 Python 字符串的使用。
5. 掌握 Python 元组的使用。
6. 理解可变序列的概念和常用操作。
7. 掌握 Python 列表的使用。
8. 掌握 Python 字典的使用。
9. 掌握 Python 集合的使用。

技能目标

1. 具备编写代码解决问题的能力。
2. 能够选择合适的数据类型解决问题。
3. 具备使用 Python 复合数据类型的能力。

素养目标

1. 培养学生具备信息安全和职业道德的素养。
2. 培养学生问题分析、代码实现的逻辑思维能力。
3. 培养学生具备自我批评、诚实、守信的学习态度。
4. 培养学生具备团队协作、互帮互助的团队精神。
5. 培养学生关注细节、精益求精、创新的工匠精神。

任务 4.1　序列的概念

【**任务描述**】

简易电话簿——
序列类型

简易电话簿至少应可以存储联系人姓名、联系人电话，那么我们设计的程序需要同时存储文本以及数字数据，也就是说需要用到复合数据类型。

【**任务分析**】

此任务的核心是构建电话簿的数据结构，通过某种方式将数据元素组织在一起。序列是 Python 中基本的数据结构。序列支持序列切片、序列相加、序列相乘、检查元素是否包含在序列中、内置函数等通用操作。我们将根据序列的这些属性来完成编程任务。

【**任务实施**】

任务活动 4.1.1　序列的概念

序列类型来源于数学概念中的数列。数列是按一定顺序排列的一组数，每个数称为这个数列的项，每项不是在其他项之前，就是在其他项之后。存储 n 项元素的数列 $\{a_n\}$ 的定义如下：

$$\{a_n\} = a_0, a_1, a_2, \cdots, a_{n-1}$$

常见的序列类型有列表、元组、范围对象和文本序列等。大多数序列类型都支持本节中介绍的操作。根据序列对象之中的元素是否可以变化，序列可分为可变序列和不可变序列。

Python 中的序列与数列相似，所有值(元素)按一定顺序排列，每个值所在位置都有一个编号，称其为索引，我们可以通过索引访问其对应值。索引有正向索引和反向索引。

正向索引是从起始元素开始，从左往右计数，索引值从 0 开始递增，如图 4-1 所示。

反向索引是从最后一个元素开始计数，也就是从右向左计数，索引值从-1 开始，如图 4-2 所示。

图 4-1 正向索引示意图

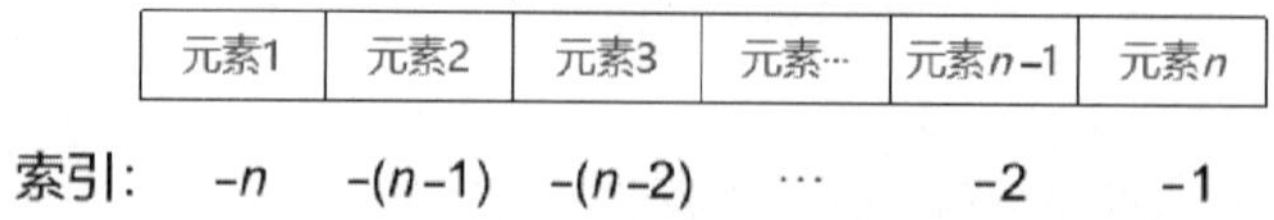

图 4-2 反向索引示意图

Python 中无论是采用正向索引，还是反向索引，都可以访问序列中的任何元素。以字符串 python 为例，其索引示意图如图 4-3 所示。

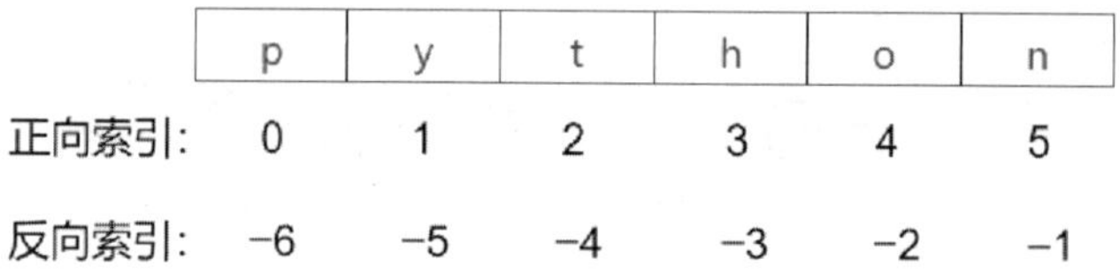

	p	y	t	h	o	n

正向索引： 0   1   2   3   4   5

反向索引： −6   −5   −4   −3   −2   −1

图 4-3 python 索引示意图

访问首元素和尾元素，如下所示：

```
1   str="python"
2   #正向索引打印输出首元素
3   print(str[0])
4   #正向索引打印输出尾元素
5   print(str[5])
6   #反向索引打印输出首元素
7   print(str[-6])
8   #反向索引打印输出尾元素
9   print(str[-1])
```

输出结果如下：

```
p
n
p
n
```

任务活动 4.1.2　序列常用操作

大多数序列类型都支持如表 4-1 所示的操作。

表 4-1　序列常用操作

操　作	描　述
s[i]	索引
s[i:j]、s[i:j:k]	切片
s + t	序列相加，连接序列 s 和 t

操　作	描　述
s * n or n * s	序列相乘，将序列 s 重复 n 次
x in s、x not in s	检查 x 是否在序列中
len(s)	序列长度
min(s)	序列中最小的元素
max(s)	序列中最大的元素
s.index(x[, i[, j]])	x 在序列 s(或者可以指定搜索范围起点 i 终点 j)中首次出现的索引
s.count(x)	x 在序列 s 中出现的总次数

以字符串为例，如下所示：

```
1   str = "python"
2   print(len(str))
```

输出结果：

```
6
```

1. 切片

通过切片可以访问序列中一定范围内的元素，也就是可以截取序列其中一部分。其语法格式如下：

```
sname[start : end : step]
```

- sname：序列的名称。
- start：切片的起始索引位置(包括该位置)，默认为 0。
- end：切片的结束索引位置(不包括该位置)，默认为序列的长度。
- step：步长，可正可负，正数从左向右，负数从右向左，默认值为 1；如果省略设置 step 的值，则最后一个冒号就可以省略。

以字符串"python"为例，序列切片如下所示：

```
1   str="python"
2   #截取索引为 0、1、2 的数据元素
3   print(str[0:3:1])
4   #截取索引为 0、1、2 的数据元素，可省略起始索引和步长
5   print(str[:3])
6   #隔 1 个字符取 1 个字符
7   print(str[::2])
8   #取整个字符串，可省略索引和步长
9   print(str[:])
```

输出结果如下：

```
pyt
pyt
pto
python
```

2. 相加

Python 支持类型相同的序列使用加法操作符(+)作相加操作，该操作会将两个序列进行连接但不会去除重复的元素。这里所说的"类型相同"，指的是"+"运算符两侧的序列要么都是列表类型，要么都是元组类型，要么都是字符串。

以字符串为例，序列相加如下所示：

```
1    str1="pyt"
2    str2="hon"
3    print(str1+str2)
```

输出结果：

```
python
```

3. 相乘

序列相乘是使用数字 *n* 乘以一个序列，即可生成新的序列，其内容为原来序列被重复 *n* 次的结果。

以字符串为例，序列相乘如下所示：

```
1    str="python"
2    print(str*3)
```

输出结果：

```
pythonpythonpython
```

4. 成员检查

Python 可以使用 in 关键字检查某元素是否序列的成员，其语法格式为：

```
value in sequence
```

其中，value 表示要检查的元素，sequence 表示指定的序列。若存在，则结果为 True；若不存在，结果为 False。

以字符串为例，检查成员是否存在如下所示：

```
1    str = "python"
2    print('y'in str)
```

输出结果：

```
True
```

同时还有 not in 关键字，用来检查某个元素是否不包含在指定的序列中。若不存在，则结果为 True；若存在，结果为 False。

以字符串为例，检查成员是否不存在如下所示：

```
1    str = "python"
2    print('p' not in str)
```

输出结果：

```
False
```

【任务评估】

本任务的任务评估表如表 4-2 所示，请根据学习实践情况进行评估。

表 4-2　自我评估与项目小组评价

任务名称						
小组编号		场地号		实施人员		
自我评估与同学互评						
序　号	评 估 项	分　值	评估内容			自我评价
1	任务完成情况	30	按时、按要求完成任务			
2	学习效果	20	学习效果符合学习要求			
3	笔记记录	20	记录规范、完整			
4	课堂纪律	15	遵守课堂纪律，无事故			
5	团队合作	15	服从组长安排，团队协作意识强			
自我评估小结						

任务小结与反思：通过完成上述任务，你学到了哪些知识或技能？

组长评价：

任务 4.2　不可变序列

【任务描述】

在上一个任务中我们已经知道了什么是序列并了解了序列的常用操作，接下来我们来认识不可变序列。不可变序列对象之中的元素不可以变化，常见的不可变序列有字符串和元组。本任务我们将主要学习字符串和元组的操作。

简易电话簿——
不可变序列

【任务分析】

字符串是最常用的数据类型之一，它能帮助我们处理涉及文本的数据。元组的元素不能修改，因此元组适用于不可随意更改的数据存储需求。学习这些数据类型的时候，我们需要多思考、多练习，才能掌握它们的概念、性质和应用。

【任务实施】

任务活动 4.2.1　字符串

1. 创建、切片、相加

字符串是 Python 中最常用的数据类型之一，可以使用单引号、双引号或三引号(可以是三个单引号，也可以是三个双引号)来创建字符串，如下所示：

```
1   str1 = 'python'
2   str2="is"
3   str3='''very'''
4   str4="""useful"""
5   print(str1+" "+str2+" "+str3+" "+str4)
```

输出结果：

```
python is very useful
```

Python 可以通过切片的方式来截取字符串，通过相加(+)连接两个字符串，但是参与运算的两个操作数必须都是字符串类型，结果得到一个新的字符串，如下所示：

```
1   str5 = 'IJKLMN'
2   str6='am happy'
3   print(str5[0]+" "+str6)
```

输出结果：

```
I am happy
```

2. 转义字符

当字符串中包含具有特殊含义的字符时，例如换行符、反斜杠本身或引号字符，需要用到转义字符，由反斜杠(\)加上字符或数字可转换成特定的意义，如表 4-3 所示。

表 4-3　常见的转义字符

转义字符	描　　述
\\	反斜杠本身
\'	单引号
\"	双引号
\b	退格(Backspace)
\n	换行符
\v	纵向制表符
\t	横向制表符
\r	回车符
\000	空

转义字符实例如下所示:

```
1   #通过转义字符(\n)实现换行
2   str='I\nam\nhappy'
3   print(str)
```

输出结果:

```
I
am
happy
```

有时字符串中包含了反斜杠,比如文件路径 C:\todayswork\notes\tip.txt,如果我们直接将这个路径打印出来,如下所示:

```
1   str='C:\todayswork\notes\tip.txt'
2   print(str)
```

输出结果:

```
C:      odayswork
otes    ip.txt
```

出现这样的结果是因为文件路径出现的\t 被认为是制表符、\n 为换行符,但我们此时并不希望它转义,可以以字母 r 或 R 为前缀,这样的字符串称为原始字符串,会将反斜杠视为字符而不进行转义,或者在反斜杠前面再加一个反斜杠形成双反斜杠(\\)来表示反斜杠本身,如下所示:

```
1   str1=r'C:\todayswork\notes\tip.txt'
2   print(str1)
3   str2='C:\\todayswork\\notes\\tip.txt'
4   print(str2)
```

输出结果:

```
C:\todayswork\notes\tip.txt
C:\todayswork\notes\tip.txt
```

3. 字符格式化

在 Word 中我们常常需要对文本内容进行排版操作,比如对齐、展示宽度、调整数据精度等。同样,Python 也支持格式化字符串的输出。

% 格式化是常用的方法之一,如下所示:

```
1  print("%s World" % "Hello")
```

输出结果:

```
Hello World
```

在示例中,格式化字符串中的格式化参数%s 相当于是替后面的字符串占了个位置,如图 4-4 所示,中间以百分号连接后面的格式化参数值,也就是%s 对应的字符串 Hello,最终输出 Hello World。

图 4-4 %格式化

当格式化字符串中包含 n 个格式化参数时,百分号后边的值为包含 n 个元素的元组形式,如下所示:

```
1  print("%s 今年%d 岁了" % ("Alice",9))
```

输出结果:

```
Alice 今年 9 岁了
```

有读者可能发现了,字符串对应的是%s,而数字对应的是%d,不同的占位符代表不同的数据类型,常用占位符的功能如表 4-4 所示。

表 4-4 常用占位符的功能

占 位 符	功　　能
%s	字符串的格式化,%xs 表示右对齐,%-xs 表示左对齐,输出宽度为 x 个字符,不足则用空格补齐
%d	格式化整数,正数左对齐,负数右对齐。且可以使用任意的字符进行位数的填充。比如,%06d 就表示这个数占六位且左对齐,如果不足六位就用@填充,@也可以换成其他的字符
%c	格式化字符及 ASCII 码
%f	格式化浮点数,可以指定小数后面的精度,默认是保留小数点后 6 位,%.xf 表示保留小数点后 x 位,若不足 x 位则补零
%o	格式化无符号八进制数
%x	格式化无符号十六进制数
%e	将整数、浮点数转换成科学记数法
%%	当字符串中存在格式化标志时,需要用%%表示一个百分号

示例如下:

```
1    str='hello word'
2    print('%18s'%str)
3    intdata=22
4    print("%05d" % intdata)
5    pi=3.1415
6    print('%.2f'% pi)
```

输出结果:

```
hello world
00022
3.14
```

% 格式化也可以通过映射键字段指明对应格式化参数的值，为字符串格式化参数与值提供灵活的对应关系。比如%(name)s 对应的是 name 这个参数，%(age)d 对应的是 age 这个参数，如下所示:

```
1    #用映射键字段来写明具体参数值，%(name)s 对应的是 Alice，%(age)d 对应 9
2    mapkey= {"name":"Alice","age":9}
3    print("%(name)s 今年%(age)d 岁了" % (mapkey))
```

输出结果:

```
Alice 今年 9 岁了
```

除了使用%格式化的方法，Python 还提供了使用 format()函数的格式化方法，语法如下:

```
"格式化字符串".format(参数列表)
```

格式化字符串中的格式化参数用{ }来表示，也就是用{ }来占位，如下所示:

```
1    print("{}{}{}".format(" python "," is " ," useful "))
2    print("{2}{0}{1}".format(" python "," is ", " useful "))
3    print("{1}{0}{1}".format(" python "," useful "))
```

输出结果:

```
python is useful
useful python is
useful python useful
```

我们可以看到在{ }中可以指定 format()参数列表中参数的顺序，如果不指定，则按照参数列表中默认的顺序对应到格式化参数{ }，如图 4-5 所示。

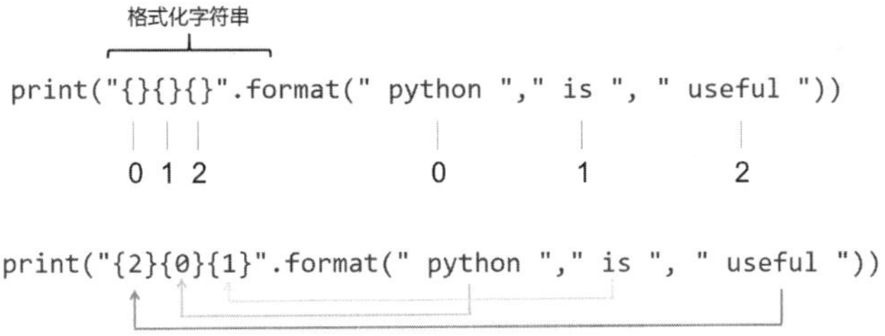

图 4-5   format()函数格式化

在{}中可以设置很多参数，语法如下：

{ [映射键]|[索引位置]:[[填充字符]对齐方式][正负号][#][0][宽度][精度][类型] }

其中^、<、>分别是居中、左对齐、右对齐，示例如下：

```
1  print("{0:.2f}".format(3.1415)) #保留小数点后两位
2  print("{:+.2f}".format(3.1415)) #省略索引位置，带符号，保留小数点后两位
3  print("{:@>10.2f}".format(3.1415))#宽度为10，不足的用@填充
```

输出结果：

```
3.14
+3.14
@@@@@@3.14
```

f-string，格式化字符串常量(formatted string literals)，是 Python 3.6 新引入的一种字符串格式化方法，使格式化字符串的操作更加简便。基本形式是以 f 或 F 修饰符引领的字符串 (f'xxx' 或 F'xxx')，以{}标明被替换的字段，其余的特性和 str.format()格式化方法类似，示例如下：

```
1  a=1 + 1
2  print(f'1+1 = {a}')
```

输出结果：

```
1+1 = 2
```

4. 常用函数

字符串常用函数如表 4-5 所示。

表 4-5 字符串常用函数

函　　数	描　　述
str.capitalize()	返回字符串的副本，其中第一个字符大写，其余字符小写
str.center(width[,fillchar])	返回一个原字符串居中，并使用空格填充至 width 长度的新字符串。填充是使用指定的 fillchar 完成的(默认为空格)
str.count(sub[,start[,end]])	返回 [start,end] 范围内子字符串 sub 的非重叠出现次数。可选参数 start 和 end 被解释为切片符号
str.find(sub[,start[,end]])	返回在切片[start:end] 中找到子字符串 sub 的最小索引位置。如果未找到 sub，则返回-1
str.join(sequence)	字符串与指定字符串连接，sequence 为要连接的元素序列
str.lower()	转换 string 中的大写字符为小写
str.upper()	转换 string 中的小写字符为大写
str.replace(old,new[,count])	返回字符串的副本，其中所有出现的子字符串 old 都被 new 替换。如果 count 指定，则替换不超过 count 次
str.split(sep=None,maxsplit=-1)	返回字符串中单词的列表,使用 sep 作为分隔符.如果给出了 maxsplit，则最多完成 maxsplit 次拆分；如果未指定 maxsplit 或为-1，则对拆分次数没有限制(进行所有可能的拆分)

示例如下：

```
1   str="python"
2   print(str.capitalize())
3   print(str.upper())
4   print(str.lower())
5   print(str.count('t'))
```

输出结果：

```
Python
PYTHON
python
1
```

任务活动 4.2.2　元组

Python 的元组与列表类似，元组是有序的，元组和列表都可以包含任意对象，它们可以被索引和切片，也可以嵌套。不同之处在于元组使用小括号，只需要在括号中添加元素，并使用逗号隔开即可。元组的元素不能修改，也就是说元组是不可变的序列，如下所示：

```
1   #创建空元组
2   color_tuple1=()
3   #元组中只包含一个元素时，需要在元素后面添加逗号
4   color_tuple2=('red',)
5   color_tuple3=('red','yellow','blue','pink')
6   print(color_tuple1)
7   print(color_tuple2)
8   print(color_tuple3)
9   #tuple()函数将序列转化成元组
10  color_tuple4=tuple('python')
11  print(color_tuple4)
12  #索引
13  print(color_tuple3[1])
14  #切片
15  print(color_tuple3[0:2])
16  #元组长度
17  print(len(color_tuple3))
```

输出结果：

```
()
('red',)
('red', 'yellow', 'blue', 'pink')
('p', 'y', 't', 'h', 'o', 'n')
yellow
('red', 'yellow')
4
```

元组中的元素值是不允许修改的，也不允许删除，但我们可以对元组进行相加(+)和相乘(*)形成新的元组，使用 del 语句来删除整个元组，如下所示：

```
1    data_tuple1=(1,2,3,4)
2    data_tuple2=(5,6,7,8)
3    #重复元组形成新的元组
4    data_tuple3=data_tuple1*3
5    #连接两个元组形成新的元组
6    data_tuple4=data_tuple1+data_tuple2
7    print(data_tuple3)
8    print(data_tuple4)
9    #得到元组中最大的元素
10   print(max(data_tuple4))
11   #得到元组中最小的元素
12   print(min(data_tuple4))
13   #删除元组
14   del data_tuple1
15   print(data_tuple1)
```

输出结果:

```
(1, 2, 3, 4, 1, 2, 3, 4, 1, 2, 3, 4)
(1, 2, 3, 4, 5, 6, 7, 8)
8
1
Traceback (most recent call last):
  File "/workspace/PythonProject/main.py", line 8, in <module>
    print(data_tuple1)
NameError: name 'data_tuple1' is not defined.
```

当列表或元组很小时,处理速度没有什么差别,但处理大量数据时,处理元组的程序执行速度比处理等效列表时快。有时我们不想修改数据,需要集合中的值在程序的生命周期内保持不变,使用元组可以防止数据被意外修改。

任务活动 4.2.3　实施步骤

下面利用字符串和元组类型,实现一个简易电话簿。

```
1    #1 将联系人姓名和电话放入一个元组中,此处记录五个人的联系方式
2    contact_person1=('Alice','1234')
3    contact_person2=('Bob','2478')
4    contact_person3=('Cindy','1149987')
5    contact_person4=('Devid','000009')
6    contact_person5=('Emma','24673')
7    #2 连接所有元组组成新的元组
8
     total_contact=contact_person1+contact_person2+contact_person3+contac
t_person4+contact_person5
9    #3 通过%d 进行格式化输出
10   #4 在 total_contact 中有五个人的信息,所以人数为元组长度除以 2
11   print("电话簿中的联系人数为: "+"%d"%(len(total_contact)/2))
12   #5 通过循环来打印输出所有人的联系方式
13   #6 通过 format()函数进行格式化输出,设置联系人姓名左对齐、输出宽度为 12
14   i=0
```

```
15   while i < len(total_contact):
16     print("{0:<12}{1}".format(" 联 系 人 ： "+total_contact[i]," 电 话 是 ：
"+total_contact[i+1]))
17     i=i+2
```

输出结果为：

```
电话簿中的联系人数为：5
联系人：Alice    电话是：1234
联系人：Bob      电话是：2478
联系人：Cindy    电话是：1149987
联系人：Devid    电话是：000009
联系人：Emma     电话是：24673
```

【任务评估】

本任务的任务评估表如表 4-6 所示，请根据学习实践情况进行评估。

表 4-6　自我评估与项目小组评价

任务名称					
小组编号		场地号		实施人员	
自我评估与同学互评					
序　号	评 估 项	分　值	评估内容		自我评价
1	任务完成情况	30	按时、按要求完成任务		
2	学习效果	20	学习效果符合学习要求		
3	笔记记录	20	记录规范、完整		
4	课堂纪律	15	遵守课堂纪律，无事故		
5	团队合作	15	服从组长安排，团队协作意识强		
自我评估小结					
任务小结与反思：通过完成上述任务，你学到了哪些知识或技能？ 组长评价：					

任务 4.3　可变序列

【任务描述】

与不可变序列不同，可变序列对象之中的元素可以变化。常见的可变序列有列表、字典、集合。本任务我们来认识可变序列的常用操作以及列表、字典、集合的操作。

【任务分析】

可变序列是非常灵活且常用的数据类型，尤其是列表，在解决各类编程问题时常作为数据类型的首选。我们需要弄明白不同数据类型的特点和使用方法。

【任务实施】

任务活动 4.3.1　常用操作

元组和字符串是不可变序列对象，因为这两个数据类型之中存储的元素除了定义之时可以指定之外就无法再进行更改了。列表、字典、集合都是可变的序列对象，可变序列对象之中的元素在声明之后还可以进行修改、删除等操作。可变序列的常用操作如表 4-7 所示。

表 4-7　可变序列常用操作

函　　数	功　　能
s[i] = x	序列 s 中的元素 i 被 x 替代
s[i:j] = t	序列 s 中的切片[i,j]被 x 替代
del s[i:j]	与 s[i:j] = []效果相同，删除序列 s 中的切片[i:j]
s[i:j:k] = t	序列 s 中的切片[i:j:k]被 t 替代
del s[i:j:k]	删除序列 s 中的切片[i:j:k]
s.append(x)	将 x 附加到序列 s 的末尾
s.clear()	从序列 s 中删除所有项目
s.copy()	创建序列 s 的副本
s.extend(t)	用 t 的内容扩展序列 s
s *= n	更新 s，其内容重复 n 次
s.insert(i, x)	将 x 插入到序列 s 中索引 i 的位置
s.pop(i)	从序列 s 中删除索引 i 的元素
s.remove(x)	从序列 s 中删除第一个值为 x 的项
s.reverse()	反转序列 s 中的元素

任务活动 4.3.2　列表

列表是任意对象的集合，有点类似于其他编程语言中的数组，但列表更灵活。在 Python 中，列表是通过将以逗号分隔的对象序列括在方括号([])中来定义的。

列表可以包含任何类型的对象，列表对象不必是唯一的，给定对象可以多次出现在列表中，列表还可以通过乘法运算来实现初始化指定列表长度，如下所示：

```
1   list1 = [0, 2, 4, 6, 8 ]
2   print(list1)
3   list2 = ["A", "B", "C", "D"]
4   print(list2)
5   list3 = ['Alice', 9]
6   print(list3)
7   list4 = [None]*5
8   print(list4)
```

输出结果：

```
[0, 2, 4, 6, 8 ]
["A", "B", "C", "D"]
['Alice', 9]
[None,None,None,None,None]
```

list()函数是 Python 的内置函数。它可以将其他序列转换为列表类型，并返回转换后的列表。当参数为空时，list()函数可以创建一个空列表，如下所示：

```
1   #将字符串转为列表
2   list4=list('None')
3   print(list4)
4   #创建空字符串
5   list4=list()
6   print(list4)
```

输出结果：

```
['N','o','n','e']
[]
```

列表不仅仅是对象的集合，它还是对象的有序集合。定义列表时指定的元素顺序是该列表的固有特征，并在该列表的生命周期内保持不变，如下所示：

```
1   list5=[1,2,3,4,5]
2   list6=[5,4,3,2,1]
3   print(list5==list6)
```

输出结果：

```
False
```

可以通过索引访问列表中的单个元素，也可以进行切片等序列常用操作和可变序列常用操作，如下所示：

```
1   list7=["python","is","useful"]
2   #通过索引访问
3   print(list7[2])
4   #反向索引
5   print(list7[-1])
6   #切片访问
7   print(list7[0:2])
```

```
8    #列表元素项长度
9    print(len(list7))
10   #列表相加
11   list8=list7+["?"]
12   print(list8)
13   #删除元素
14   list8.remove("?")
15   print(list8)
16   #在末尾增加元素
17   list8.append("!")
18   print(list8)
19   #替换元素
20   list8[3]="yeah"
21   print(list8)
22   #删除元素
23   del list8[3]
24   print(list8)
```

输出结果：

```
useful
useful
['python','is']
3
['python','is','useful','?']
['python','is','useful']
['python','is','useful','!']
['python','is','useful','yeah']
['python','is','useful']
```

列表中的元素可以是任何类型的对象，也可以是另一个列表，因此列表可以嵌套。列表可以包含子列表，子列表又可以包含子列表，依此类推到任意深度。要访问子列表中的项目，只需附加一个额外的索引，如下所示：

```
1    list9=[1,2,3]
2    list10=["data","is",list9,4,5,6]
3    print(list10)
4    print(list10[2])
5    print(list10[2][1])
```

输出结果：

```
["data","is",[1,2,3],4,5,6]
[1,2,3]
2
```

列表的 sort()函数可对原列表进行排序，默认情况下，sort()函数对列表进行升序排序。sort() 接受两个只能通过关键字传递的可选参数 key 和 reverse。参数 key 指定排序标准的函数，根据该函数的返回值对列表进行排序。默认值为 None，表示对列表元素进行排序。reverse=True 将对列表进行降序排序，默认是 reverse=False 升序排序，如下所示：

```
1    name_list=['Alice','Devid','Cindy','Bob']
2    #升序
```

```
3    name_list.sort()
4    print(name_list)
5    #降序
6    name_list.sort(reverse=True)
7    print(name_list)
```

输出结果:

```
['Alice', 'Bob', 'Cindy', 'Devid']
['Devid', 'Cindy', 'Bob', 'Alice']
```

任务活动 4.3.3　字典

Python 提供了一种组合数据类型,称为字典。字典是键值的集合,字典里包含键值对,且可存储任意类型对象。在 Python 中,可以通过将一系列元素放置在大括号({})内并以逗号分隔来创建字典,格式如下所示:

```
d = {key1 : value1, key2 : value2 }
```

字典中包含的是成对的值,每个键值对之间用逗号(,)分隔。key 是键,另一个对应的成对元素是它的键值,键与键值之间用冒号(:)分隔。字典中的值可以是任何数据类型并且可以重复。键不能重复并且必须是不可变的,如字符串、数字或元组。键是区分大小写的,相同名称但不同大小写的键将被区别对待,如下所示:

```
1    dict1 = {'Name':'Alice', 'name':'Bob'}
2    print(dict1)
3    dict2 = {'Name':'Alice', 'Age':22}
4    print(dict2)
```

输出结果:

```
{'Name': 'Alice', 'name': 'Bob'}
{'Name': 'Alice', 'Age': 22}
```

字典也可以通过内置函数 dict() 创建,代码如下:

```
1    dict3 = dict([('Name', 'Cindy'), ('Age', '21')])
2    print(dict3)
```

输出结果:

```
{'Name': 'Cindy', 'Age': '21'}
```

同样,用键可以访问字典中的值。如果用字典里没有的键访问数据,会出错误,代码如下:

```
1    dict4 = {'Name':'Devid', 'Age':20}
2    print(dict4['Name'])
3    print(dict4['Devid'])
```

输出结果:

```
Devid
Traceback (most recent call last):
```

```
  File "/workspace/telephone/main.py", line 3, in <module>
    print(dict4['Devid'])
KeyError: 'Devid'
```

字典也可以进行修改、删除等可变序列常用操作，如下所示：

```
1    dict5 = {'Name':'Emma', 'Age':19}
2    #修改指定键数据
3    dict5['Age'] = 18
4    #增加键值对
5    dict5['Telephone']=124656
6    print(dict5)
7    #用 del 删除指定键的数据
8    del dict5['Age']
9    print(dict5)
10   #用 pop()删除指定键的数据
11   dict5.pop('Name')
12   print(dict5)
13   #用 update()更新字典，增加指定键值对
14   dict5.update({'Name':'Emma'})
15   print(dict5)
16   #清空字典所有键值对
17   dict5.clear()
18   print(dict5)
19   #删除字典
20   del dict5
21   print(dict5)
```

输出结果：

```
{'Name': 'Emma', 'Age': 18, 'Telephone': 124656}
{'Name': 'Emma', 'Telephone': 124656}
{'Telephone': 124656}
{'Telephone': 124656, 'Name': 'Emma'}
{}
Traceback (most recent call last):
  File "/workspace/telephone/main.py", line 14, in <module>
    print(dict5)
NameError: name 'dict5' is not defined
```

字典还可以用 get()方法返回指定键的值；用 items()方法返回一个列表，其中包含每个键值对的元组；用 keys()方法返回包含字典键的列表；用 values()方法返回字典所有值的列表，代码如下：

```
1    dict6 = {'Name':'Frank', 'Age':19}
2    print(dict6.get('Name'))
3    print(dict6.items())
4    print(dict6.keys())
5    print(dict6.values())
```

输出结果：

```
Frank
```

```
dict_items([('Name', 'Frank'), ('Age', 19)])
dict_keys(['Name', 'Age'])
dict_values(['Frank', 19])
```

字典类似于列表，是可变的，可以根据需要生长和收缩。两者都可以嵌套，一个列表可以包含另一个列表，一个字典也可以包含另一个字典，字典也可以包含列表，反之亦然。字典与列表的主要区别在于元素的访问方式，列表元素是通过索引来访问的，字典元素是通过键访问的。

任务活动 4.3.4　集合

集合是将多个元素存储在单个变量中的数据类型。集合是无序的，没有索引。一个集合可以有任意数量的项，它们可以是不同的类型(整数、浮点数、元组、字符串等)，但集合中包含的项必须是不可变类型，因此集合不能以像列表、集合或字典这样的可变元素作为其元素。

在 Python 中，我们通过将所有元素放在花括号({})中或者使用 set()函数来创建集合。创建一个空集合必须用 set()函数，而不是{ }，因为{ }是用来创建一个空字典。

假设我们想要存储关于学生 id 的信息。由于学生 id 不能重复，我们可以使用一个集合来存储，代码如下：

```
1    student_id={101, 102, 103, 104,105}
2    print(student_id)
3    list1=(101,102,103,104,105)
4    set1=set(list1)
5    print(set1)
6    #集合中可以有不同类型的数据
7    set2={'Alice',22,list1}
8    print(set2)
```

输出结果：

```
{101, 102, 103, 104, 105}
{101, 102, 103, 104, 105}
{(101, 102, 103, 104, 105), 'Alice', 22}
```

集合中的项是唯一的，也就是说，集合中的项不能重复，但可以使用 remove()方法、discard()方法、pop()方法删除项。语法 s.remove(x)从集合 s 中移除 x 项，如果 x 不存在，则会发生错误，代码如下：

```
set3={'Bob',22,2478}
set3.remove(2478)
print(set3)
set3.remove('Alice')
```

输出结果：

```
{'Bob', 22}
Traceback (most recent call last):
  File "/workspace/telephone/main.py", line 4, in <module>
    set3.remove('Alice')
```

```
KeyError: 'Alice'
```

语法 s.discard(x)移除集合中的 x 项，且如果该项不存在，不会发生错误；语法 s.pop()随机删除集合中的一个数据；语法 s.clear()清空集合。代码如下所示：

```
1    set4={'Cindy',21,1149987}
2    set4.discard(21)
3    print(set4)
4    set4.discard('Alice')
5    print(set4)
6    set4.pop()
7    print(set4)
8    set4.clear()
9    print(set4)
```

输出结果：

```
{1149987, 'Cindy'}
{1149987, 'Cindy'}
{'Cindy'}
set()
```

集合使用 add()方法或 update()方法添加新的项，如下所示：

```
1    set4={'Devid'}
2    set4.add(21)
3    print(set4)
4    set4.update(['Frank',19])
5    print(set4)
```

输出结果：

```
{'Devid', 21}
{'Devid', 19, 'Frank', 21}
```

在数学学习中也学习过集合，如图 4-6 所示。

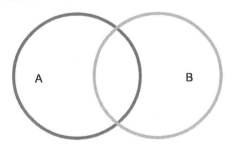

图 4-6　集合 A 和集合 B

集合中提供了不同的内置方法来执行数学集合运算，如并集、交集、减法和对称差分。

两个集合 A 和 B 的并集包括集合 A 和集合 B 的所有元素，可以使用 "|" 运算符或 union()方法来执行集合并集操作，代码如下：

```
1    setA= {1, 3, 5}
2    setB= {0, 2, 4}
3    print(setA|setB)
```

```
4    print(setA.union(setB))
```

输出结果：

```
{0, 1, 2, 3, 4, 5}
{0, 1, 2, 3, 4, 5}
```

两个集合 A 和 B 的交集包括集合 A 和集合 B 中重复的元素，可以使用&运算符或 intersection()方法执行集合交集操作，代码如下：

```
1    setA= {1, 3, 5}
2    setB= {1, 2, 4}
3    print(setA&setB)
4    print(setA.intersection(setB))
```

输出结果：

```
{1}
{1}
```

两个集合 A 和 B 的差集为集合 A 中不存在于集合 B 中的元素，如图 4-7 所示。

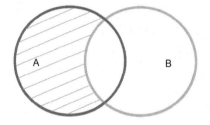

图 4-7　差集示意图

使用-运算符或 difference()方法来执行集合差集操作，代码如下：

```
1    setA= {1, 3, 5}
2    setB= {1, 2, 4}
3    print(setA-setB)
4    print(setA.difference(setB))
```

输出结果：

```
{3, 5}
{3, 5}
```

两个集合 A 和 B 的对称差集包括除了集合 A 和集合 B 的重复元素外的所有元素，如图 4-8 所示。

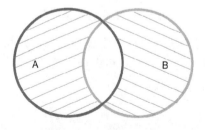

图 4-8　对称差集示意图

可以使用"^"运算符或 symmetric_difference() 方法来执行两个集合之间的对称差集操作，代码如下：

```
1   setA= {1, 3, 5}
2   setB= {1, 2, 4}
3   print(setA^setB)
4   print(setA.symmetric_difference(setB))
```

输出结果：

```
{2, 3, 4, 5}
{2, 3, 4, 5}
```

可以使用"=="运算符来检查两个集合是否相等；使用 isdisjoint()方法判断两个集合是否包含相同的元素，如果没有返回 True，否则返回 False；使用 issubset()方法判断另一个集合是否包含这个集合，如果包含则返回 True；使用 issuperset()方法判断此集合是否包含另一个集合，如果包含则返回 True。代码如下：

```
1   setA= {1, 3, 5}
2   setB= {1, 3}
3   print(setA==setB)
4   print(setA.isdisjoint(setB))
5   print(setA.issubset(setB))
6   print(setA.issuperset(setB))
```

输出结果：

```
False
False
False
True
```

任务活动 4.3.5　实施步骤

下面利用本任务所学内容，实现一个简易电话簿。

```
1   #1 新建一个列表类型的电话簿
2   person_phone=[]
3   #2 实现添加联系人信息的功能
4   person_num=int(input("请问你要添加几个人:"))
5   #3 循环输入联系人信息，每个人的信息就是一个列表，然后添加到电话簿列表中
6   for i in range(1,person_num+1):
7       user_name = input("请您输入第"+str(i)+"个人的姓名: ")
8       user_phone = input("请您输入第"+str(i)+"个人的电话: ")
9       person_new=[user_name,user_phone]
10      person_phone.append(person_new)
11  print("添加完成，目前电话簿里有这些人的电话: ")
12  print(person_phone)
13  #4 实现查找联系人的功能
14  search_name=input("请输入你要查找的姓名: ")
15  #5 遍历电话簿列表，通过对比姓名找到电话
16  for person in person_phone:
```

```
17        if person[0]==search_name:
18            print(search_name+"的电话是: "+person[1])
19  #6 实现删除功能
20  del_name=input("请输入你要删除的联系人姓名: ")
21  #遍历电话簿列表，通过对比姓名删除该联系人信息
22  for person in person_phone:
23      if person[0]==del_name:
24          person_phone.remove(person)
25          print("已删除"+del_name)
26  print("目前电话簿中的联系人和电话有: ")
27  print(person_phone)
```

输出结果：

```
请问你要添加几个人:2
请您输入第 1 个人的姓名：a
请您输入第 1 个人的电话：11
请您输入第 2 个人的姓名：b
请您输入第 2 个人的电话：22
添加完成，目前电话簿里有这些人的电话：
[['a', '11'], ['b', '22']]
请输入你要查找的姓名：a
a 的电话是：11
请输入你要删除的联系人姓名：b
已删除 b
目前电话簿中的联系人和电话有：
[['a', '11']]
```

在这个实例中，每个人的姓名和电话组成了一个列表，然后所有联系人的信息组成一个大的列表。列表中的数据元素可以为列表类型，这是利用了列表可以包含任何类型的对象的性质。利用这个性质，我们还可以使用字典来完成简易电话簿，同时再优化一下该电话簿的功能。

参考代码如下：

```
1   #1 新建一个列表类型的电话簿
2   person_phone=[]
3   #2 实现添加联系人的功能
4   person_num=int(input("请问你要添加几个人:"))
5   #3 通过循环将每个人的信息用字典类型来存放，然后依次添加到列表中
6   for i in range(1,person_num+1):
7       user_name = input("请您输入姓名: ")
8       user_phone = input("请您输入电话: ")
9       dic={}
10      dic['姓名'] = user_name
11      dic['电话'] = user_phone
12      person_phone.append(dic)
13  print("添加完成，目前电话簿里有这些人的电话: ")
14  print(person_phone)
15  #4 利用循环实现选择不同功能
16  #5 设置循环结束标志
17  loop_flag=1
```

```
18  #6 通过 while 和 if 实现功能选择，只要不选择退出就可以一直选择
19  while(loop_flag>0):
20  choose_num=int(input("请输入数字以选择功能：1 查找；2 删除；3 退出 \n"))
21  if choose_num!=3:
22      if choose_num==1:
23          search_name=input("请输入你要查找的姓名：")
24          for person in person_phone:
25              if person['姓名']==search_name:
26                  print(search_name+"的电话是："+person['电话'])
27
28      if choose_num==2:
29          del_name=input("请输入你要删除的联系人姓名：")
30          for person in person_phone:
31              if person['姓名']==del_name:
32  #7 确定要删除的人在电话簿中的索引，然后删除
33                  find_flag=person_phone.index(person)
34                  del person_phone[find_flag]
35                  print("已删除"+del_name)
36                  print("目前电话簿中的联系人和电话有：")
37                  print(person_phone)
38
39  #8 使 loop_flag 等于 0 时退出循环
40    elif choose_num==3:
41      print("已退出")
42      loop_flag=0
```

输出结果：

```
请问你要添加几个人:2
请您输入姓名：a
请您输入电话：11
请您输入姓名：b
请您输入电话：22
添加完成，目前电话簿里有这些人的电话：
[{'姓名': 'a', '电话': '11'}, {'姓名': 'b', '电话': '22'}]
请输入数字以选择功能：1 查找；2 删除；3 退出
1
请输入你要查找的姓名：a
a 的电话是：11
请输入数字以选择功能：1 查找；2 删除；3 退出
2
请输入你要删除的联系人姓名：b
已删除 b
目前电话簿中的联系人和电话有：
[{'姓名': 'a', '电话': '11'}]
请输入数字以选择功能：1 查找；2 删除；3 退出
3
已退出
```

【任务评估】

本任务的任务评估表如表 4-8 所示，请根据学习实践情况进行评估。

表 4-8　自我评估与项目小组评价

任务名称						
小组编号		场地号		实施人员		
自我评估与同学互评						
序　号	评估项	分　值	评估内容		自我评价	
1	任务完成情况	30	按时、按要求完成任务			
2	学习效果	20	学习效果符合学习要求			
3	笔记记录	20	记录规范、完整			
4	课堂纪律	15	遵守课堂纪律，无事故			
5	团队合作	15	服从组长安排，团队协作意识强			
自我评估小结						

任务小结与反思：通过完成上述任务，你学到了哪些知识或技能？

组长评价：

项 目 总 结

【项目实施小结】

在使用 Python 解决问题的过程中，除了基本数据类型外，还需要用到复合数据类型来更好地满足数据处理需求。在本项目中我们了解了序列的常用操作，然后依据序列中的元素是否可变划分了不可变序列和可变序列。

不可变序列包含字符串、元组，可变序列包含列表、字典、集合。不同的数据类型具有不同的特性，我们需要掌握它们的区别，然后通过代码练习来掌握它们的使用方法。

下面请读者根据项目所学内容，从本项目实施过程中遇到的问题、解决办法以及收获和体会等各方面进行认真总结，并形成总结报告。

【举一反三能力】

1. 通过查阅资料，了解每种数据类型适合解决什么样的问题。
2. 通过查阅资料，了解 Python 中还有哪些数据类型。
3. 通过查阅并收集资料，分析 Python 数据类型对后续数据分析效率的影响。

【对接产业技能】

1. 掌握数据类型的区别和操作方法，能够正确使用复合数据类型解决问题。
2. 掌握分析问题的逻辑思维能力，能够将问题解决思路转换为程序算法。

项目拓展训练

【基本技能训练】

通过项目学习，回答以下问题。
1. 序列是什么？
2. 索引是什么？
3. 元组是什么？
4. 字典是什么？
5. 集合是什么？

【综合技能训练】

通过本项目的学习和代码练习，请你编写 Python 代码并使用复合数据类型实现一个学生信息管理系统，该系统记录了学生的学号、性别、姓名等个人信息，该系统拥有添加信息、查找信息、删除信息等功能。

项 目 评 价

【评价方法】

对本项目学习的评价采用自我评价、小组评价、教师评价相结合的评价方式，分别从项目实施、核心任务完成、拓展训练三个方面进行。

【评价指标】

本项目的评价指标体系如表 4-9 所示，请根据学习实践情况进行打分。

表 4-9　项目评价表

		项目名称		项目承接人		小组编号		
		Python 复合数据类型						
项目开始时间		项目结束时间		小组成员				
评价指标			分值	评价细则		自我评价	小组评价	教师评价
项目实施情况(20 分)	纪律情况(5 分)	项目实施准备	1	准备书、本、笔、设备等				
		积极思考回答问题	2	视情况评分				
		跟随教师进度	2	视情况评分				
		违反课堂纪律	0	此为否定项，如有违反，根据情况直接在总得分基础上扣 0~5 分				
	考勤(5 分)	迟到、早退	5	迟到、早退者，每项扣 2.5 分				
		缺勤	0	此为否定项，如有违反，根据情况直接在总得分基础上扣 0~5 分				
	职业道德(5 分)	遵守规范	3	根据实际情况评分				
		认真钻研	2	依据实施情况及思考情况评分				
	职业能力(5 分)	总结能力	3	按总结的全面性、条理性进行评分				
		举一反三能力	2	根据实际情况评分				
核心任务完成情况(60 分)	Python 复合数据类型(40 分)	序列类型	3	了解序列的概念				
			4	理解序列常用操作				
		不可变序列	3	理解不可变序列的概念				
			5	掌握 Python 字符串的使用				
			5	掌握 Python 元组的使用				
		可变序列	5	理解可变序列的概念和常用操作				
			5	掌握 Python 列表的使用				
			5	掌握 Python 字典的使用				
			5	掌握 Python 集合的使用				

评价指标			分值	评价细则	自我评价	小组评价	教师评价
核心任务完成情况(60分)	综合素养(20分)	语言表达	5	互动、讨论、总结过程中的表达能力			
		问题分析	5	问题分析情况			
		团队协作	5	实施过程中的团队协作情况			
		工匠精神	5	敬业、精益、专注、创新等			
拓展训练情况(20分)	基本技能和综合技能(20分)	基本技能训练	10	基本技能训练情况			
		综合技能训练	10	综合技能训练情况			
总分							
综合得分(自我评价 20%，小组评价 30%，教师评价 50%)							
组长签字：				教师签字：			

项目 5
文件操作——
Python 文件处理

案例导入

在编写程序的过程中一般都会涉及数据的读写操作，数据的输入和输出是必不可少的环节，比如从键盘读取数据，处理后在控制台输出显示数据。在实际中需要随时将输入数据和处理结果数据进行反复修改和重复使用。但是在重启计算机或者关闭程序时，数据将会丢失，那该如何保存数据呢？我们可以通过文件或者数据库的方式来保存数据，文件通常保存在计算机的外部存储器中。文件能够长期保存，可以在程序下一次执行的时候直接使用，还可以被其他程序调用，从而实现数据的共享，并且不受计算机内存空间的限制，因而使用文件可以保存和处理大量的数据。

Python的文件操作允许我们与存储在计算机或设备上的文件进行交互处理，使用Python标准库提供的函数和方法(如 open()、read()、write()和 close()等)可以执行一系列任务，包括打开文件、读取内容、写入文件以及关闭文件。打开文件时，需要指定文件名以及希望访问文件的模式，如读取模式、写入模式或追加模式。在完成对文件的处理后，最好关闭该文件以释放系统资源并防止数据损坏。如果不想手动关闭打开的文件，则可以使用 with 语句，因为它会自动关闭文件，即使在处理过程中发生错误。

任务导航

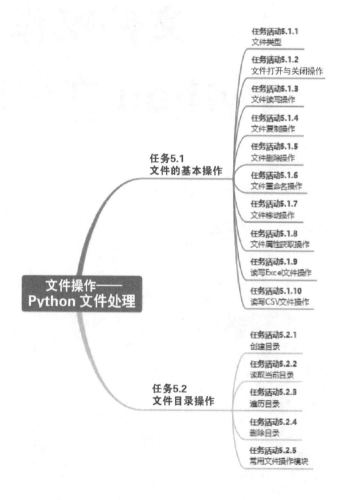

学习目标

知识目标

1. 了解文件类型。
2. 理解文件打开操作。
3. 理解文件关闭操作。
4. 掌握文件读写操作。
5. 掌握删除操作。
6. 掌握文件目录操作。
7. 理解文件相关模块。
8. 掌握 Excel 文件操作。
9. 掌握 CSV 文件操作。

技能目标

1. 具备基本代码编写的能力。
2. 具备文件基本操作的能力。
3. 具备文件目录操作的能力。
4. 具备导入 Python 模块的能力。
5. 具备使用文件相关模块的能力。
6. 具备读写 Excel 文件的能力。
7. 具备读写 CSV 文件的能力。

素养目标

1. 培养学生具备信息安全和职业道德的素养。
2. 培养学生计算思维和问题解决能力。
3. 培养学生具备自我批评、诚实、守信的学习态度。
4. 培养学生具备团队协作和沟通能力。
5. 培养学生关注细节、精益求精、创新的工匠精神。
6. 培养学生实践与实验能力。

任务 5.1 文件的基本操作

【任务描述】

通过本任务的实施，读者要掌握文件的打开、关闭、读写、复制、删除以及处理 Excel 文件、CSV 文件的基本操作。

【任务分析】

为了方便存储与管理数据，需要将数据持久化到硬盘，实现数据持久化的过程便是将数据写入文件或者数据库中，当需要数据时再从文件中读取，在这一操作过程中需要理解并掌握文件处理的基本操作。

【任务实施】

任务活动 5.1.1　文件类型

1. 文本文件

文本文件是一种计算机文件。所谓文本文件，存储的是人类可读的一个个字符，比如 python、"你好"等，其结构为文本数据。文本文件存储在计算机文件系统中，作为数据存储，文本文件最后一行写入一个或多个特殊字符(称为文件结束标记)作为文件结尾。当然，文本文件最后也是以二进制的方式存储在计算机中，这一过程通过编码来完成。为了把字符表示成二进制，事先得有一个编码表，如 ASCII 编码给出了每个字符与二进制数的对应关系。常见的文本文件扩展名有.txt、.rtf、.log、.docx、.xlsx、.csv 等。

2. 二进制文件

二进制文件作为最原始的文件类型，计算机能直接读取，以字节为单位访问数据，不能直接通过常见的文本处理软件操作。常见的图片、音视频文件等一般为二进制文件。

二进制文件和纯文本文件的区别：①二进制文件是直接以二进制的值进行存储；而纯文本文件则在二进制的基础上，进行了字符编码，因此，我们看到的诸如.txt 以及程序文件都是字符形式。②纯文本文件是基于字符编码的文件，常见的编码有 ASCII 编码、UNICODE 编码等；二进制文件是基于值编码的文件。

任务活动 5.1.2　文件打开与关闭操作

1. 打开操作

在 Python 中，我们可以通过 open()函数来访问和管理文本文件。open()函数用来打开一个文本文件并返回一个文件对象(file object)，通过文件对象自带的多种函数和方法，对文本文件执行一系列访问和管理操作。open()函数的源代码如下所示：

```
open(file, mode='r', buffering=None, encoding=None, errors=None, newline=None,
closefd=True):
```

参数说明如下。

- file：是指被打开文件的文件名(如果文件不在当前工作目录中，需要给定具体文件路径)或文件路径。
- mode：是一个可选参数，用于指定文件的打开模式，它默认为 r(只读模式)，其他模式如表 5-1 所示。
- buffering：是一个可选参数，用于设置缓冲策略。传递 0 以关闭缓冲(仅在二进制模式下允许)，传递 1 以选择缓冲(仅在文本模式下可用)，使用该值作为大于 1 的整数表示的块缓冲区的大小。当没有给定缓冲参数时，采用默认缓冲策略。在许多系统上，缓冲区的大小通常为 4096 或 8192 字节长。
- encoding：是一个可选参数，用于解码或编码文件，仅在文本模式下使用。默认编码为依赖于平台，但 Python 支持的任何编码都可以通过。有关支持的编码列表，有兴趣的读者请自行查阅编解码器模块。

- errors：是一个可选参数，用于指定处理编码错误的方式，不适用于二进制模式。
- newline：是一个可选参数，控制通用换行符的工作方式(仅适用于文本模式)。它可以是 None、''、\n、\r 和\r\n。

表 5-1　文件打开模式

模　式	操作含义	可能异常
r	打开为只读模式(默认)	文件不存在时返回空指针
w	打开文件写入模式	
a	打开文件追加模式	
b	打开为二进制模式	
x	创建一个新文件并打开它进行写入	如果文件已经存在，则引发 FileExistsError
t	打开文本模式(默认)	
+	打开为读写模式	
rb	打开为二进制只读模式	文件不存在时返回空指针
wb	打开为只写二进制模式	
ab	打开为二进制追加模式	
r+	打开只读文件为读写模式	文件不存在时返回空指针
w+	打开只写文件为读写模式	
a+	打开追加文件为读写模式	
rb+	打开只读二进制文件为读写模式	文件不存在时返回空指针
wb+	打开只写二进制文件为读写模式	
ab+	打开追加二进制文件为读写模式	

Python 中文件操作的基本语法格式如下所示：

```
文件变量名=open(文件路径,[,打开方式,编码方式...])
其他处理文件的代码
文件变量名.close()
```

2. 关闭操作

使用 open()函数打开一个文件后，获取返回的文件对象，当文件操作完后，可以调用 close()方法关闭打开的文件。close()方法的源代码如下所示：

```
@abstractmethod
def close(self) -> None:
pass
```

该方法是一个抽象方法，没有返回值。

文件的应用及操作可以分为以下 3 步，每一步都需要借助对应的函数或方法实现。

第 1 步：打开文件。使用 open()函数，该函数会返回一个文件对象。

第 2 步：对已打开文件做读/写操作。读取文件内容，可使用 read()、readline()及 readlines() 方法；向文件中写入内容，可以使用 write()函数。

第 3 步：关闭文件。完成对文件的读/写操作之后，需要关闭文件，可以使用 close()
方法。

【例 5-1】 文件打开与关闭操作。

```
1    f = open('d:/t.txt', 'r')
2    f.close()
```

上述代码中，第一行以只读方式打开 D 盘目录下的 t.txt 文件；第二行代码调用 close()
方法关闭打开的文件，运行结果如图 5-1 所示。如果要打开的文件不存在，则会报错
FileNotFoundError。

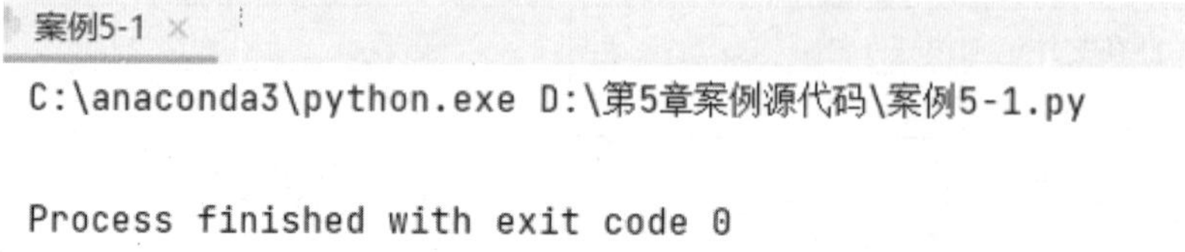

案例5-1 ×

C:\anaconda3\python.exe D:\第5章案例源代码\案例5-1.py

Process finished with exit code 0

图 5-1　例 5-1 的运行结果

任务活动 5.1.3　文件读写操作

文件读取

1. 文件读操作

文件对象中，Python 主要提供了 read()、readline()、readlines()三个方法用于文件的读取。

(1) read()方法：默认读取文件的全部内容，也可以指定一次读取的字符数，如 read(1)，
表示读取一个字符。其源代码如下：

```
@abstractmethod
def read(self, n: int = -1) -> AnyStr:
    pass
```

可选参数 n 表示最多读取的字符数，默认值为-1，表示一直读到文件末尾。该方法返
回一个读取的字符串。

(2) readline()方法：从文件中读取一整行内容。其源代码如下：

```
@abstractmethod
def readline(self, limit: int = -1) -> AnyStr:
    pass
```

可选参数 limit 表示最多读取一行中的字符数，默认值为-1，表示一直读到一行的末尾。
该方法返回一个读取的字符串。

(3) readlines()方法：读取所有行到一个列表中，其内部使用 readline()逐行读取。其源
代码如下：

```
@abstractmethod
def readlines(self, hint: int = -1) -> List[AnyStr]:
    pass
```

可选参数 hint 表示要读取的字符数，当该参数大于一行的字符数时，实际会读取前一
行和下一行的字符到字符列表中。默认值为-1，表示一直读到文件的末尾。该方法返回一

个读取的字符串列表。

【例 5-2】 read()方法读取字符串举例。

```
1   f = open('d:/t.txt', 'r')
2   print(f.read())
3   f.close()
```

上述代码中，第一行以只读方式打开 D 盘目录下的 t.txt 文件；第二行代码使用 read()方法读取 t.txt 中的数据并输出到控制台，默认读到文件末尾；第三行代码调用 close()方法关闭打开的文件。运行结果如图 5-2 所示。

```
案例5-2 ×
C:\anaconda3\python.exe D:\第5章案例源代码\案例5-2.py
hello,python!
Python is a programming language that lets you work more quickly
and integrate your systems more effectively.
You can learn to use Python and see almost immediate
gains in productivity and lower maintenance costs.

Process finished with exit code 0
```

图 5-2　例 5-2 的运行结果

【例 5-3】 read()方法读取指定字符数的字符串举例。

```
1   f = open('d:/t.txt', 'r')
2   print(f.read(10))
3   f.close()
```

上述代码中，第一行以只读方式打开 D 盘目录下的 t.txt 文件；第二行代码使用 read(10)读取 t.txt 文件中的 10 个字符并输出到控制台；第三行代码调用 close()方法关闭打开的文件。运行结果如图 5-3 所示。

```
案例5-3 ×
C:\anaconda3\python.exe D:\第5章案例源代码\案例5-3.py
hello,pyth

Process finished with exit code 0
```

图 5-3　例 5-3 的运行结果

【例 5-4】 readline()方法读取字符串举例。

```
1   f = open('d:/t.txt', 'r')
2   print(f.readline())
3   f.close()
```

上述代码中，第一行以只读方式打开 D 盘目录下的 t.txt 文件，第二行代码使用 readline()方法读取 t.txt 文件中的一行数据并输出到控制台，第三行代码调用 close()方法关闭打开的文件。运行结果如图 5-4 所示。

```
案例5-4 ×
C:\anaconda3\python.exe D:\第5章案例源代码\案例5-4.py
hello,python!


Process finished with exit code 0
```

图 5-4　例 5-4 的运行结果

【例 5-5】readlines()方法读取字符串举例。

```
1    f = open('d:/t.txt', 'r')
2    print(f.readlines())
3    f.close()
```

上述代码中，第一行以只读方式打开 D 盘目录下的 t.txt 文件，第二行代码使用 readlines()方法读取 t.txt 文件中的全部数据到字符串列表中并输出到控制台，第三行代码调用 close()方法关闭打开的文件。运行结果如图 5-5 所示。

```
案例5-5 ×
C:\anaconda3\python.exe D:\第5章案例源代码\案例5-5.py
['hello,python!\n', 'Python is a programming language that lets you work more quickly \n',

Process finished with exit code 0
```

图 5-5　例 5-5 的运行结果

2. 文件写操作

文件对象中，Python 主要提供了 write()、writelines()两个方法用于文件的写入。

(1) write()函数：写一个字符串到文件中。执行完 write()函数后，由于缓冲区的存在，所写的内容不会立刻显示在文件中，直到调用 flush()方法或者 close()方法后，内容才会写到文件中。其源代码如下：

```
@abstractmethod
def write(self, s: AnyStr) -> int:
    pass
```

其中，参数 s 表示要写入的字符串，返回值为写入的字符个数。

(2) writelines()方法：将一个字符串列表中的内容写入文件。其源代码如下：

```
@abstractmethod
def writelines(self, lines: List[AnyStr]) -> None:
    pass
```

其中，参数 lines 表示要写入的字符串列表，该方法没有返回值。

【例 5-6】write()函数写入字符串举例。

```
1    f = open('d:/t1.txt', 'w')
2    strs = 'hello,this is write operation!'
3    n = f.write(strs)
4    print(n)
5    f.close()
```

上述代码中，第一行以只写方式在 D 盘目录下新建 t1.txt 文件；第二行代码定义要写入的字符串；第三行代码调用 write()函数将 strs 字符串的内容写入 t1.txt 文件，并将返回的字符个数的值赋给 n；第四行打印 n 到控制台；第五行调用 close()方法关闭打开的文件。运行结果如图 5-6 所示。

图 5-6　例 5-6 的运行结果

【例 5-7】writelines()方法写入字符串列表举例。

```
1   f = open('d:/t2.txt', 'w')
2   strs = 'hello,this is write operation!'
3   f.writelines(strs)
4   f.close()
```

上述代码中，第一行以只写方式在 D 盘目录下新建 t2.txt 文件；第二行代码定义要写入的字符串；第三行代码调用 writelines()方法将 strs 字符串的内容写入 t2.txt 文件；第四行调用 close()方法关闭打开的文件。运行结果如图 5-7 所示。

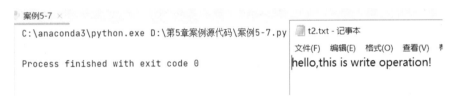

图 5-7　例 5-7 的运行结果

任务活动 5.1.4　文件复制操作

Python 复制文件前先导入 shutil 模块，然后再调用模块下的 copy()函数或者 copyfile()函数。基本用法如下：

```
shutil.copy(src,dst)
```

其中，src 表示要复制的源文件，dst 表示复制到的目标文件，返回值为目标文件的路径。

【例 5-8】文件复制操作举例。

```
1   import shutil
2   strf = shutil.copy('d:/t.txt', 'd:/t_copy.txt')
3   print(strf)
```

上述代码中，第一行导入 shutil 模块，第二行代码调用 copy()函数将 t.txt 文件的内容复制到 t_copy.txt 文件中，第三行代码返回目标文件的路径。如果 t_copy.txt 文件不存在，则会自动创建一个文件，存在则会覆盖以前的内容。运行结果如图 5-8 所示。

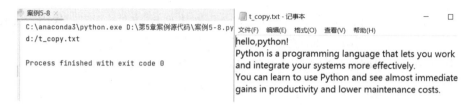

图 5-8　例 5-8 的运行结果

任务活动 5.1.5　文件删除操作

Python 删除文件前先导入 os 模块，然后再调用模块下的 remove()函数。基本用法如下：

```
os.remove(path)
```

其中，path 表示要删除文件的文件路径，相对路径或绝对路径，无返回值。如果要删除的文件不存在，则会报错 FileNotFoundError。

【例 5-9】文件删除操作举例。

```
1   import os
2   os.remove('d:/t2.txt')
```

上述代码中，第一行导入 os 模块，第二行代码调用 remove()函数删除指定路径下的文件。运行结果如图 5-9 所示。

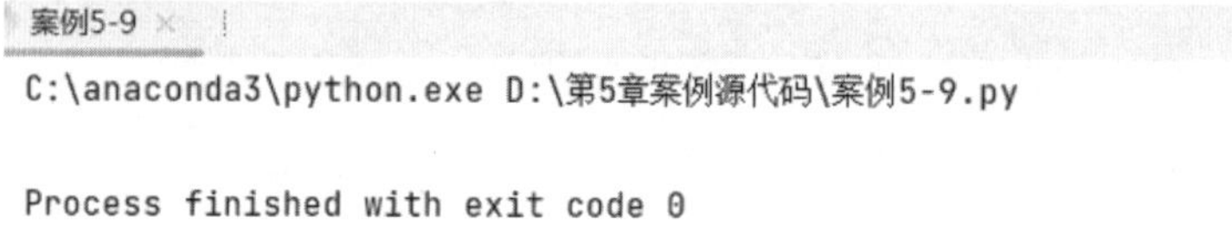

案例5-9 ×

C:\anaconda3\python.exe D:\第5章案例源代码\案例5-9.py

Process finished with exit code 0

图 5-9　例 5-9 的运行结果

任务活动 5.1.6　文件重命名操作

Python 重命名文件前先导入 os 模块，然后再调用模块下的 rename()函数。基本用法如下：

```
os.rename(src,dst)
```

其中，src 表示需要重命名的源文件，相对路径或绝对路径；dst 表示重命名后的文件，无返回值。如果文件不存在，则会报错 FileNotFoundError。

【例 5-10】文件重命名操作举例。

```
1   import os
2   os.rename("d:/t1.txt", "d:/t1_1.txt")
```

上述代码中，第一行导入 os 模块，第二行代码调用 rename()函数将 t1.txt 文件重命名为 t1_1.txt。运行结果如图 5-10 所示。

```
案例5-10 ×
C:\anaconda3\python.exe D:\第5章案例源代码\案例5-10.py

Process finished with exit code 0
```

图 5-10　例 5-10 的运行结果

任务活动 5.1.7　文件移动操作

Python 移动文件前先导入 shutil 模块，然后再调用模块下的 move()函数。基本用法如下：

```
shutil.move (src,dst)
```

其中，src 表示需要移动的源文件，相对路径或绝对路径；dst 表示移动后的文件路径，无返回值。如果文件不存在，则会报错 FileNotFoundError。

【例 5-11】文件移动操作举例。

```
1    import shutil
2    shutil.move("d:/t.txt", "c:/t.txt")
```

上述代码中，第一行导入 shutil 模块，第二行代码调用 move()函数将 D 盘下的 t.txt 文件移动到 C 盘下。运行结果如图 5-11 所示。

```
案例5-11 ×
C:\anaconda3\python.exe D:\第5章案例源代码\案例5-11.py

Process finished with exit code 0
```

图 5-11　例 5-11 的运行结果

文件对象
属性与方法

任务活动 5.1.8　文件属性获取操作

Python 中除了文件的基本操作，还提供了获取文件属性的操作，如获取文件大小、创建时间等。进行文件属性获取操作需要导入 os 模块，然后再调用模块下的 stat()函数。基本用法如下：

```
os.stat(path)
```

其中，参数 path 指文件路径，返回值是一个 stat 对象，包含一些相应的文件属性。

【例 5-12】　文件属性获取操作举例。

```
1    import os
2    import time
3    s = os.stat("d:/t.txt")
4    at_time = time.strftime("%Y-%m-%d %H:%M:%S", time.localtime(s.st_atime))
5    print(at_time)
6    print(s.st_size)
```

上述代码中，第一行、第二行代码导入 os、time 模块；第三行代码调用 stat()函数读取 D 盘下的 t.txt 文件的属性；第四行代码调用 localtime()函数将 t.txt 文件的 st_atime 时间转为本地时间，再调用 strftime()函数格式化时间输出；第五行代码输出格式化的时间；第六行代码输出文件大小。运行结果如图 5-12 所示。

```
案例5-12 ×

"C:\Program Files\Python39\python.exe" D:\第5章案例源代码\案例5-12.py
2023-12-25 12:00:01
1

进程已结束，退出代码为 0
```

图 5-12　例 5-12 的运行结果

任务活动 5.1.9　读写 Excel 文件操作

Excel 文件读取

Python 读写 Excel 文件的方式有很多，不同的模块在读写的方法上不同，本任务使用常用的 xlrd 和 xlwt 模块读写 Excel 文件。

1. Python 读 Excel 文件

Python 读 Excel 文件的基本流程步骤如下。

(1)　使用 Python 读 Excel 文件前，先导入 xlrd 模块。

```
import xlrd
```

(2)　调用 open_workbook()函数打开指定路径下的 Excel 文件。

```
excel = xlrd.open_workbook("d:/data.xls")
```

(3)　调用 sheet_by_index()方法获取 Excel 文件中指定的 sheet 工作表，如获取第一个 sheet 工作表。

```
sheet = excel.sheet_by_index(0)
```

(4)　调用 cell_value(rowx,colx)方法获取单元格的值，如获取第一个单元格的值。

```
vals = sheet.cell_value(0,0)
```

此外，还有其他的一些方法，如获取总行数 rows = sheet.nrows；获取总列数 columns = sheet.ncols；获取第一行的值 sheet.row_values(0)；获取第一列的值 sheet.col_values(0)。

【例 5-13】Python 读取 Excel 文件举例。

```
1   import xlrd
2   #打开 Excel 文件
3   excel = xlrd.open_workbook('d:/data.xls')
4   #获取 Excel 文件中第一个 sheet 工作表
5   sheet = excel.sheet_by_index(0)
6   #获取总行数
7   rows = sheet.nrows
8   #获取总列数
9   cols = sheet.ncols
10  #循环输出单元格的值
```

```
for i in range(rows):
    for j in range(cols):
        #输出单元格的值，以逗号隔开
        print(sheet.cell_value(i, j), end=',')
    #输出一行后，换行
    print()
```

data.xls 文件中的内容如图 5-13 所示，例 5-13 运行结果如图 5-14 所示。

科目	人数	比例	人数	比例	人数	比例	人数	比例	人数	比例	总人数	平均分
大学生心理健康教育(必修)	9	0.24	29	0.76	0	0	0	0	0	0	38	87.82
毛泽东思想和中国特色社会主义理论体系概论(必修	18	0.47	16	0.42	4	0.11	0	0	0	0	38	87.76
思想政治理论课实践教学2(必修)	33	0.87	3	0.08	2	0.05	0	0	0	0	38	96.29
软件技术概论与基础(必修)	2	0.05	9	0.24	20	0.53	7	0.18	0	0	38	75.24
Linux操作系统(必修)	4	0.11	18	0.47	7	0.18	8	0.21	1	0.03	38	77.13
实用英语II(必修)	2	0.05	7	0.18	16	0.42	11	0.29	2	0.05	38	73.16
大学语文（下）(必修)	0	0	8	0.21	22	0.58	8	0.21	0	0	38	74.11
体育训练II(必修)	8	0.21	25	0.66	4	0.11	1	0.03	0	0	38	85.58
图形图像技术概论与基础(必修)	1	0.03	29	0.76	8	0.21	0	0	0	0	38	81.5
数据库技术及应用实训(实践)	3	0.08	6	0.16	27	0.71	2	0.05	0	0	38	77.63
形势与政策I(必修)	24	0.96	1	0.04	0	0	0	0	0	0	25	99.04
Linux操作系统实训(实践)	3	0.08	1	0.03	9	0.24	25	0.66	0	0	38	70.26
高等数学Ⅱ(必修)	1	0.03	18	0.47	15	0.39	4	0.11	0	0	38	78.84
专业发展指导(必修)	35	0.92	3	0.08	0	0	0	0	0	0	38	92.63
应用文写作(必修)	0	0	33	0.87	5	0.13	0	0	0	0	38	81.42

图 5-13　data 文件中的内容

```
案例5-13 ×
C:\anaconda3\python.exe D:\第5章案例源代码\案例5-13.py
科目,人数,比例,人数,比例,人数,比例,人数,比例,人数,比例,总人数,平均分,
大学生心理健康教育(必修),9.0,0.24,29.0,0.76,0.0,0.0,0.0,0.0,0.0,0.0,38.0,87.82,
毛泽东思想和中国特色社会主义理论体系概论(必修),18.0,0.47,16.0,0.42,4.0,0.11,0.0,0.0,0.0,0.0,38.0,87.76,
思想政治理论课实践教学2(必修),33.0,0.87,3.0,0.08,2.0,0.05,0.0,0.0,0.0,0.0,38.0,96.29,
软件技术概论与基础(必修),2.0,0.05,9.0,0.24,20.0,0.53,7.0,0.18,0.0,0.0,38.0,75.24,
Linux操作系统(必修),4.0,0.11,18.0,0.47,7.0,0.18,8.0,0.21,1.0,0.03,38.0,77.13,
实用英语II(必修),2.0,0.05,7.0,0.18,16.0,0.42,11.0,0.29,2.0,0.05,38.0,73.16,
大学语文（下）(必修),0.0,0.0,8.0,0.21,22.0,0.58,8.0,0.21,0.0,0.0,38.0,74.11,
体育训练II(必修),8.0,0.21,25.0,0.66,4.0,0.11,1.0,0.03,0.0,0.0,38.0,85.58,
图形图像技术概论与基础(必修),1.0,0.03,29.0,0.76,8.0,0.21,0.0,0.0,0.0,0.0,38.0,81.5,
数据库技术及应用实训(实践),3.0,0.08,6.0,0.16,27.0,0.71,2.0,0.05,0.0,0.0,38.0,77.63,
形势与政策I(必修),24.0,0.96,1.0,0.04,0.0,0.0,0.0,0.0,0.0,0.0,25.0,99.04,
Linux操作系统实训(实践),3.0,0.08,1.0,0.03,9.0,0.24,25.0,0.66,0.0,0.0,38.0,70.26,
高等数学Ⅱ(必修),1.0,0.03,18.0,0.47,15.0,0.39,4.0,0.11,0.0,0.0,38.0,78.84,
专业发展指导(必修),35.0,0.92,3.0,0.08,0.0,0.0,0.0,0.0,0.0,0.0,38.0,92.63,
应用文写作(必修),0.0,0.0,33.0,0.87,5.0,0.13,0.0,0.0,0.0,0.0,38.0,81.42,

Process finished with exit code 0
```

图 5-14　例 5-13 的运行结果

2. Python 写 Excel 文件

Python 写 Excel 文件的基本流程步骤如下。

(1) 使用 Python 写 Excel 文件前，先导入 xlwt 模块。

```
import xlwt
```

(2) 调用 Workbook()方法然后创建 Excel 文件，根据需要指定编码格式。

```
workbook = xlwt.Workbook(encoding='utf-8')
```

(3) 调用 add_sheet(sheetName)方法创建 sheet 工作表。

```
worksheet = workbook.add_sheet('sheet')
```

(4) 调用 write(rowx,colx,value)方法给单元格写入值，如给第一个单元格写入“hello!”。

```
worksheet.write(0, 0, "hello!")
```

(5) 调用 save(fileName)方法保存 Excel 文件，如果不指定绝对路径，则自动保存到当前路径下。

```
workbook.save('d:/data.xls')
```

【例 5-14】Python 写入 Excel 文件举例。

```
1    import xlwt
2    import os
3    #创建 Excel 文件，并设置编码格式为 utf-8
4    workbook = xlwt.Workbook(encoding='utf-8')
5    # 设置表格样式水平垂直居中
6    alignment = xlwt.Alignment()
7    alignment.vert = xlwt.Alignment.VERT_CENTER
8    alignment.horz = xlwt.Alignment.HORZ_CENTER
9    style = xlwt.XFStyle()
10   style.alignment = alignment
11   #创建 sheet 工作表
12   worksheet = workbook.add_sheet('sheet')
13   # 合并单元格，worksheet.write_merge(开始行,结束行, 开始列, 结束列, '值', style)
14   worksheet.write_merge(0, 0, 0, 5, "成绩分析表", style)
15   #第 2 行 1 列单元格写入值：成绩
16   worksheet.write(1,0,'成绩')
17   #第 2 行 2 列单元格写入值：90 分及以上
18   worksheet.write(1,1,'90 分及以上')
19   #第 2 行 3 列单元格写入值：80~89 分
20   worksheet.write(1,2,'80~89 分')
21   #第 2 行 4 列单元格写入值：70~79 分
22   worksheet.write(1,3,'70~79 分')
23   #第 2 行 5 列单元格写入值：60~69 分
24   worksheet.write(1,4,'60~69 分')
25   #第 2 行 6 列单元格写入值：60 分以下
26   worksheet.write(1,5,'60 分以下')
27   #保存 Excel 文件到 D 盘下，并命名为 scoredata.xls
28   workbook.save('d:/scoredata.xls')
29   #判断 Excel 文件是否写入成功
30   if os.path.exists('d:/scoredata.xls'):
31       print('Excel 文件写入成功！')
```

Excel 文件写入

运行结果如图 5-15 所示。

案例5-14

```
"C:\Program Files\Python39\python.exe" D:\第5章案例源代码\案例5-14.py
Excel文件写入成功!

进程已结束，退出代码为 0
```

图 5-15 例 5-14 的运行结果

在 D 盘下打开写入的 scoredata.xls 文件，内容如图 5-16 所示。

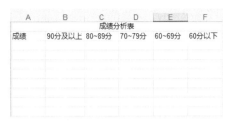

	A	B	C	D	E	F
			成绩分析表			
成绩	90分及以上	80~89分	70~79分	60~69分	60分以下	

表 5-16　scoredata.xls 文件中的内容

任务活动 5.1.10　读写 CSV 文件操作

CSV 文件读写

1. Python 读 CSV 文件

Python 读 CSV 文件的基本流程步骤如下。

(1) 使用 Python 读 CSV 文件前，先导入 csv 模块。

```
import csv
```

(2) 调用 open()函数打开指定路径下的 CSV 文件。

```
with open('d:/data.csv', newline='', encoding='utf-8') as csvfile:
```

(3) 调用 csv.reader()函数读取打开的 CSV 文件。

```
dataread = csv.reader(csvfile)
```

(4) 输出 dataread 数据。

【例 5-15】Python 读 CSV 文件举例。

```
1    import csv
2    # 以 utf-8 编码格式打开 CSV 文件
3    with open('d:/data.csv', newline='', encoding='utf-8') as csvfile:
4        # 读取打开的文件
5        dataread = csv.reader(csvfile, delimiter=' ')
6        # 循环输出读取的文件
7        for rowdata in dataread:
8            print(rowdata)
```

data.csv 原始数据如图 5-17 所示，例 5-15 运行结果如图 5-18 所示。

```
📄 data.csv - 记事本
文件(F)  编辑(E)  格式(O)  查看(V)  帮助(H)
分值,90分及以上,,80-89分以上,,70-79分以上,,60-69分以上,,60分以下,,总人数,平均分
科目,人数,比例,人数,比例,人数,比例,人数,比例,人数,比例,,
大学生心理健康教育,9,0.24,29,0.76,0,0,0,0,0,0,38,87.82
毛泽东思想和特色社会主义理论体系概论,18,0.47,16,0.42,4,0.11,0,0,0,0,38,87.76
思想政治理论课实践教学2,33,0.87,3,0.08,2,0.05,0,0,0,0,38,96.29
软件技术概论与基础,2,0.05,9,0.24,20,0.53,7,0.18,0,0,38,75.24
Linux操作系统,4,0.11,18,0.47,7,0.18,8,0.21,1,0.03,38,77.13
实用英语II,2,0.05,7,0.18,16,0.42,11,0.29,2,0.05,38,73.16
大学语文（下）,0,0,8,0.21,22,0.58,8,0.21,0,0,38,74.11
体育训练II,8,0.21,25,0.66,4,0.11,1,0.03,0,0,38,85.58
图形图像技术概论与基础,1,0.03,29,0.76,8,0.21,0,0,0,0,38,81.5
数据库技术及应用实训,3,0.08,6,0.16,27,0.71,2,0.05,0,0,38,77.63
形势与政策I,24,0.96,1,0.04,0,0,0,0,0,0,25,99.04
Linux操作系统实训,3,0.08,1,0.03,9,0.24,25,0.66,0,0,38,70.26
高等数学II,1,0.03,18,0.47,15,0.39,4,0.11,0,0,38,78.84
专业发展指导,35,0.92,3,0.08,0,0,0,0,0,0,38,92.63
应用文写作,0,0,33,0.87,5,0.13,0,0,0,0,38,81.42
```

图 5-17　data.csv 文件原始数据

```
案例5-15

"C:\Program Files\Python39\python.exe" D:\第5章案例源代码\案例5-15.py
['分值,90分及以上,,80-89分以上,,70-79分以上,,60-69分以上,,60分以下,,总人数,平均分']
['科目,人数,比例,人数,比例,人数,比例,人数,比例,,']
['大学生心理健康教育,9,0.24,29,0.76,0,0,0,0,0,0,38,87.82']
['毛泽东思想和特色社会主义理论体系概论,18,0.47,16,0.42,4,0.11,0,0,0,0,38,87.76']
['思想政治理论课实践教学2,33,0.87,3,0.08,2,0.05,0,0,0,0,38,96.29']
['软件技术概论与基础,2,0.05,9,0.24,20,0.53,7,0.18,0,0,38,75.24']
['Linux操作系统,4,0.11,18,0.47,7,0.18,8,0.21,1,0.03,38,77.13']
['实用英语II,2,0.05,7,0.18,16,0.42,11,0.29,2,0.05,38,73.16']
['大学语文(下),0,0,8,0.21,22,0.58,8,0.21,0,0,38,74.11']
['体育训练II,8,0.21,25,0.66,4,0.11,1,0.03,0,0,38,85.58']
['图形图像技术概论与基础,1,0.03,29,0.76,8,0.21,0,0,0,0,38,81.5']
['数据库技术及应用实训,3,0.08,6,0.16,27,0.71,2,0.05,0,0,38,77.63']
['形势与政策II,24,0.96,1,0.04,0,0,0,0,0,0,25,99.04']
['Linux操作系统实训,3,0.08,1,0.03,9,0.24,25,0.66,0,0,38,70.26']
['高等数学II,1,0.03,18,0.47,15,0.39,4,0.11,0,0,38,78.84']
['专业发展指导,35,0.92,3,0.08,0,0,0,0,0,0,38,92.63']
['应用文写作,0,0,33,0.87,5,0.13,0,0,0,0,38,81.42']

进程已结束，退出代码为 0
```

图 5-18 例 5-15 的运行结果

2. Python 写 CSV 文件

Python 写 CSV 文件的基本流程步骤如下。

(1) 使用 Python 写 CSV 文件前，先导入 csv 模块。

```
import csv
```

(2) 调用 open()函数用写入模式打开指定路径下的 CSV 文件，当文件不存在时，会自动创建该文件。

```
with open('d:/data.csv', 'w', newline='', encoding='utf-8') as csvfile:
```

(3) 调用 csv.writer()函数获取写入 CSV 文件的对象。

```
datawriter = csv.writer(csvfile)
```

(4) 调用对象的方法写数据到 CSV 文件中。

```
datawriter. writerow('str')
```

【例 5-16】Python 写 CSV 文件举例。

```
1   import csv
2   import os
3   #定义写入的数据
4   mydata = ['hello python!']
5   #指定方式打开文件
6   with open('d:/writeData.csv', 'w', newline='', encoding='utf-8') as csvfile:
7   #调用 writer()方法设置文件格式
8   datawriter = csv.writer(csvfile, delimiter=' ', quotechar='|', quoting=
csv.QUOTE_MINIMAL)
9   #调用 writerow()方法写入数据
10  datawriter.writerow(mydata+['pycharm'])
11  # 判断文件是否写入成功
12  if os.path.exists('d:/writeData.csv'):
13      print('csv 文件写入成功! ')
```

其中，代码 with open('d:/writeData.csv', 'w', newline='', encoding='utf-8') as csvfile 的解释说明如下。

- writeData.csv：写入的文件名。
- w：文件打开模式为写入模式，也可以传 w+、a、a+等。

可选参数：

- newline：该参数用于写文件时指定的换行符，参数值为 newline=None 时，表示使用默认换行符，参数值 newline=' '时，则会禁止自动转换行结束符，即不进行换行符号的转换，保留文件中原有的行结束符号。
- encoding：指定编码格式。

代码 csv.writer(csvfile, delimiter=' ', quotechar='|', quoting = csv.QUOTE_MINIMAL)的解释说明如下。

- csvfile：必选参数，它是一个文件对象，用于指定要写入的文件。
- delimiter：可选参数，用于指定字段之间的分隔符，默认为逗号(,)。
- quotechar：可选参数，用于指定要包围字段的字符，默认为双引号(")。
- quoting：可选参数，用于指定引用的规则，默认为 csv.QUOTE_MINIMAL。

可选参数 quoting 的取值如下。

- csv.QUOTE_ALL：对象给所有字段加上引号。
- csv.QUOTE_MINIMAL：对象仅为包含特殊字符(例如定界符、引号字符或行结束符中的任何字符)的字段加上引号。
- csv.QUOTE_NONNUMERIC：对象为所有非数字字段加上引号。

运行结果如图 5-19 所示。

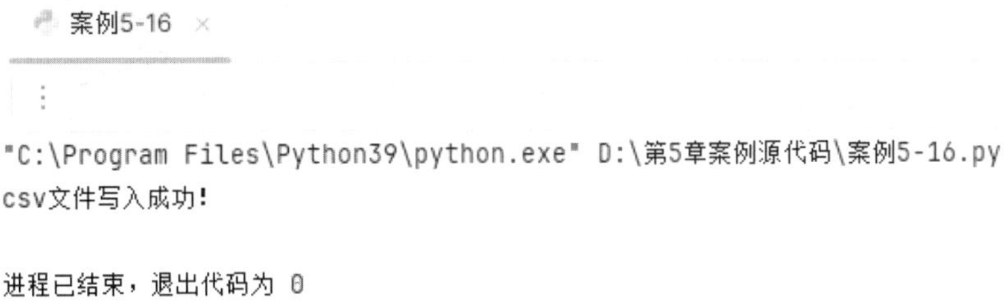

图 5-19　例 5-16 的运行结果

打开 writeData.csv 文件，内容如图 5-20 所示。

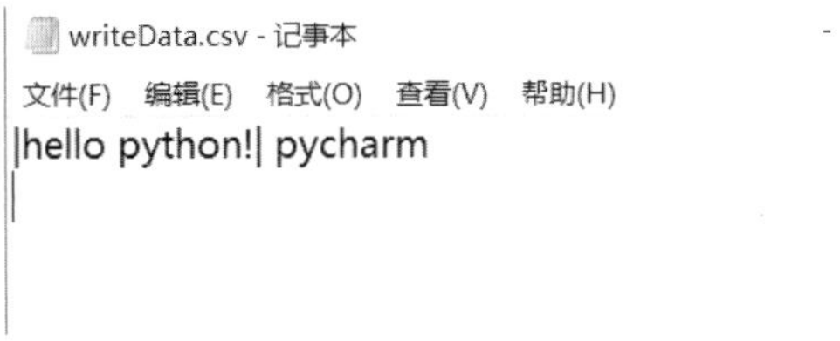

图 5-20　writeData.csv 文件中的内容

【任务评估】

本任务的任务评估表如表 5-2 所示，请根据学习实践情况进行评估。

表 5-2　自我评估与项目小组评价

任务名称					
小组编号		场地号		实施人员	
自我评估与同学互评					
序　号	评估项	分　值	评估内容		自我评价
1	任务完成情况	30	按时、按要求完成任务		
2	学习效果	20	学习效果符合学习要求		
3	笔记记录	20	记录规范、完整		
4	课堂纪律	15	遵守课堂纪律，无事故		
5	团队合作	15	服从组长安排，团队协作意识强		
自我评估小结					
任务小结与反思：通过完成上述任务，你学到了哪些知识或技能？ 组长评价：					

任务 5.2　文件目录操作

目录常用
操作方法

【任务描述】

通过本任务的实施，读者要掌握文件目录的创建、读取、遍历、删除等基本操作以及常用的文件操作模块。

【任务分析】

在任务 5.1 中，学习了文件的基本操作，然而当文件数量过多时，查找和管理文件将变得十分复杂。为了高效分类管理文件，需要将文件分类存储在不同的文件目录中，因此需要用到文件目录操作，包括创建目录、遍历目录、删除目录等。

【任务实施】

任务活动 5.2.1　创建目录

Python 创建目录前先导入 os 模块，然后再调用模块下的 mkdir() 函数。基本用法如下：

```
os.mkdir(path[,mode])
```

其中，path 为创建目录路径，相对路径或者绝对路径；mode 为可选参数，默认值为 0777，无返回值，在 Windows 文件系统中忽略此参数。

【例 5-17】创建文件夹举例。

```
1    import os
2    os.mkdir("d:/test")
```

上述代码中，第一行代码导入 os 模块；第二行代码调用 mkdir() 函数在 D 盘下创建 test 文件夹。运行结果如图 5-21 所示。

```
案例5-17 ×
C:\anaconda3\python.exe D:\第5章案例源代码\案例5-17.py

Process finished with exit code 0
```

图 5-21　例 5-17 的运行结果

任务活动 5.2.2　读取当前目录

Python 读取目录前先导入 os 模块，然后再调用模块下的 getcwd() 函数。基本用法如下：

```
os.getcwd()
```

该方法无参数，返回值为当前工作路径。

【例 5-18】获取当前路径举例。

```
1    import  os
```

```
2    f=os.getcwd()
3    print(f)
```

上述代码中,第一行代码导入 os 模块;第二行代码调用 getcwd()函数获取当前的工作路径。运行结果如图 5-22 所示。

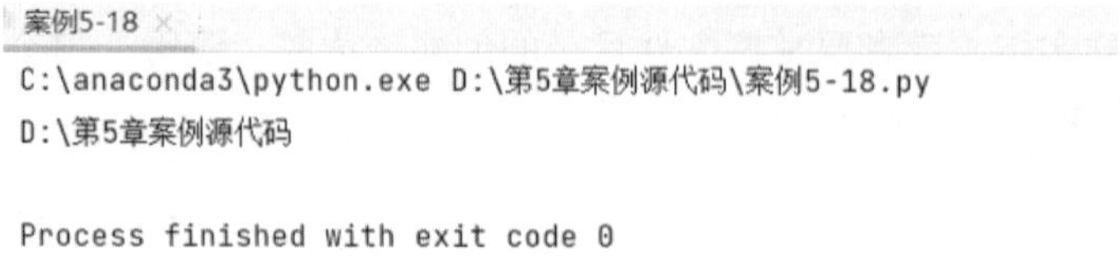

案例5-18 ×
C:\anaconda3\python.exe D:\第5章案例源代码\案例5-18.py
D:\第5章案例源代码

Process finished with exit code 0

图 5-22　例 5-18 的运行结果

任务活动 5.2.3　遍历目录

Python 遍历目录前先导入 os 模块,然后再调用模块下的 listdir()函数。基本用法如下:

```
os.listdir(path)
```

其中,path 为要读取的目录路径,返回一个包含子目录和文件名称的无序列表。

【例 5-19】获取指定路径下的文件名举例。

```
1    import os
2    f=os.listdir("d:/第 5 章案例源代码/")
3    print(f)
```

上述代码中,第一行代码导入 os 模块;第二行代码调用 listdir()函数获取指定路径的文件名。运行结果如图 5-23 所示。

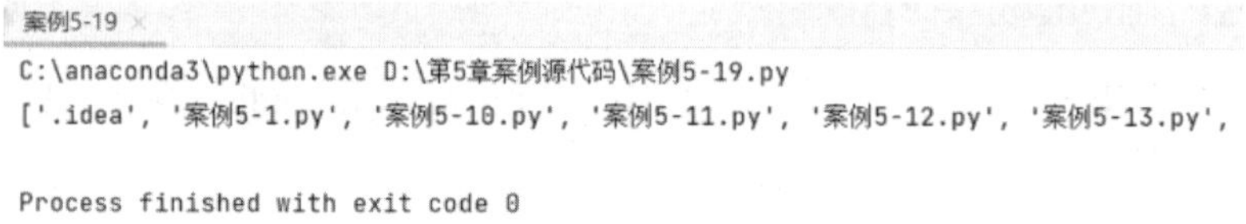

案例5-19 ×
C:\anaconda3\python.exe D:\第5章案例源代码\案例5-19.py
['.idea', '案例5-1.py', '案例5-10.py', '案例5-11.py', '案例5-12.py', '案例5-13.py',

Process finished with exit code 0

图 5-23　例 5-19 的运行结果

使用 listdir()方法只能获取子目录名,而不能获取子目录下的文件名。如果要获取子目录下的文件名,需要调用 os 模块中的 walk()函数。其基本用法如下:

```
os.walk(top, topdown=True, onerror=None, followlinks=False)
```

其中,参数 top 表示根目录路径;可选参数 topdown 表示遍历目录时的顺序,True 表示先遍历当前目录再访问子目录,False 表示先访问子目录再访问当前目录,默认为 True;可选参数 onerror 为错误处理函数,如果指定了该参数,在遍历目录时,如果发生错误则会调用该函数,默认为 None;可选参数 followlinks 表示是否遍历软链接,如果为 True,则会遍历软链接所指向的目录,默认为 False。

【例 5-20】遍历子目录举例。

```
1    import os
2    paths = os.getcwd()
```

```
3    f = os.listdir(paths)
4    print("当前路径: "+paths)
5    print("当前路径下的文件: ")
6    print(f)
7    print("当前路径子目录下的文件:")
8    for p in os.walk(paths):
9        print(p)
```

上述代码中，第一行代码导入 os 模块；第二行代码调用 getcwd()函数获取当前路径赋值给 paths；第三行代码调用 listdir()函数获取当前路径下的文件名；第四至六行代码输出文件名到控制台；第八行代码通过 for 循环调用 walk()函数遍历输出子目录下的文件名。运行结果如图 5-24 所示。

图 5-24　例 5-20 的运行结果

任务活动 5.2.4　删除目录

Python 删除目录前先导入 os 模块，然后再调用模块下的 rmdir()函数删除一个空目录。基本用法如下：

```
os.rmdir(path)
```

其中，参数 path 表示要删除的目录路径，无返回值。

【例 5-21】　删除空目录举例。

```
1    import os
2    os.rmdir("d:/test")
```

上述代码中，第一行代码导入 os 模块；第二行代码调用 rmdir()函数删除 D 盘下的 test 文件夹。运行结果如图 5-25 所示。如果文件夹不存在，则会报错 FileNotFoundError。

图 5-25　例 5-21 的运行结果

注意：如果要删除的文件夹为非空，则会产生错误，此时可以使用 shutil 模块中的 rmtree()函数删除不为空的目录。其基本用法如下：

```
rmtree(path, ignore_errors=False, onerror=None)
```

其中，参数 path 表示要删除的目录路径；可选参数 ignore_errors 为 True 时表示删除目录失败时忽略错误信息，默认为 False；可选参数 onerror 表示错误信息，默认为 None，无返回值。

【例 5-22】删除非空目录举例。

```
1    import shutil
2    shutil.rmtree("d:/test")
```

上述代码中，第一行代码导入 shutil 模块；第二行代码调用 rmtree()函数删除 D 盘 test 文件夹下的所有文件。运行结果如图 5-26 所示。如果文件夹不存在，则会报错 FileNotFoundError。

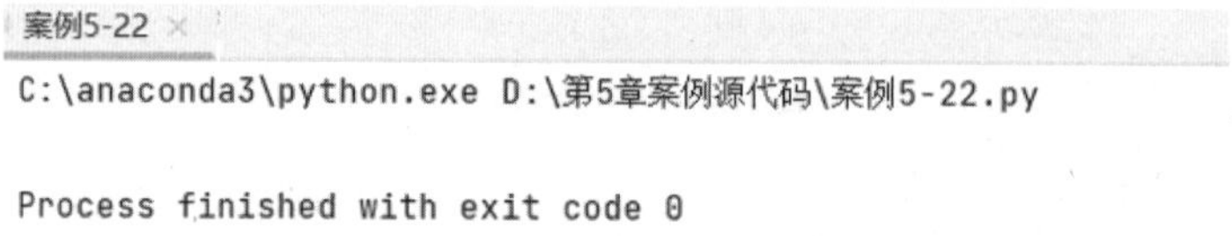

案例5-22 ×

C:\anaconda3\python.exe D:\第5章案例源代码\案例5-22.py

Process finished with exit code 0

图 5-26　例 5-22 的运行结果

任务活动 5.2.5　常用文件操作模块

1. os 模块

os 模块是 Python 标准库中一个重要的模块，里面提供了许多对目录和文件操作的常用函数，如表 5-3 所示。

表 5-3　os 模块常用函数

函　数	功　能
os.sep	返回操作系统特定的路径分隔符。Windows 系统中文件的路径分隔符是\，在 Linux 系统中是/
os.linesep	给出当前平台的行终止符。例如，Windows 系统使用\r\n，Linux 系统使用\n，而 Mac 系统使用\r
os.name	指示用户正在使用的工作平台。比如：对于 Windows 用户，它是 nt；而对于 Linux/UNIX 用户，它是 posix
os.getcwd()	得到当前工作目录，即当前 Python 脚本工作的目录路径
os.getenv(key)	读取指定 key 的环境变量值
os.environ['环境变量名称']='环境变量值'	设置环境变量
os.chmod(file)	修改文件权限和时间戳
os.listdir()	返回指定目录下的所有文件和目录名
os.scandir()	返回指定目录下的所有文件和文件夹对象，遍历文件夹时效率比 listdir()高
os.remove(file)	删除一个文件
os.removedirs()	删除多个目录，目录中不能有文件

函　数	功　能
os.stat(file)	获得文件属性
os.mkdir(name)	创建目录
os.makedirs(path1/path2…)	创建多级目录
os.rmdir(name)	删除目录，目录中不能有文件或子文件夹
os.rename(src,dst)	重命名文件或目录，若文件已经存在则抛出异常
os.replace(src,dst)	重命名文件或目录，若文件已经存在则覆盖
os.curdir	返回当前目录('.')
os.chdir(dirname)	改变工作目录到 dirname
os.system()	运行 shell 命令
sys.exit()	退出当前程序

2. os.path 模块

os.path 模块主要提供了对目录、文件夹、路径操作的相关方法，如表 5-4 所示。

表 5-4　os.path 模块常用方法

方　法	功　能
os.path.abspath(path)	返回 path 的绝对路径
os.path.basename(path)	获取 path 路径的基本名称，即 path 末尾到最后一个斜杠的位置之间的字符串
os.path.commonprefix(list)	返回 list(多个路径)中，所有 path 共有的最长的路径
os.path.dirname(path)	返回 path 路径中的目录部分
os.path.exists(path)	判断路径是否存在。如果存在，则返回 True；反之，返回 False
os.path.expanduser(path)	把 path 中包含的~和~user 转换成用户目录
os.path.expandvars(path)	根据环境变量的值替换 path 中包含的$name 和${name}
os.path.getatime(path)	返回 path 所指文件的最近访问时间(浮点型秒数)
os.path.getmtime(path)	返回文件的最近修改时间(单位为秒)
os.path.getctime(path)	返回文件的创建时间(单位为秒，自 1970 年 1 月 1 日起又称 UNIX 时间)
os.path.getsize(path)	返回文件大小，如果文件不存在就返回错误
os.path.isabs(path)	判断是不是绝对路径
os.path.isfile(path)	判断路径是不是文件
os.path.isdir(path)	判断路径是不是目录
os.path.islink(path)	判断路径是不是链接文件(类似 Windows 系统中的快捷方式)
os.path.ismount(path)	判断路径是不是挂载点
os.path.join(path1[, path2[, ...]])	把目录和文件名合成一个路径
os.path.normcase(path)	转换 path 的大小写和斜杠

续表

方　法	功　能
os.path.normpath(path)	规范 path 字符串形式
os.path.realpath(path)	返回 path 的真实路径
os.path.relpath(path[, start])	从 start 开始计算相对路径
os.path.samefile(path1, path2)	判断目录或文件是否相同
os.path.sameopenfile(fp1, fp2)	判断 fp1 和 fp2 是否指向同一个文件
os.path.samestat(stat1, stat2)	判断 stat1 和 stat2 是否指向同一个文件
os.path.split(path)	把路径分割成 dirname 和 basename，返回一个元组
os.path.splitdrive(path)	一般用在 Windows 系统中，返回驱动器名和路径组成的元组
os.path.splitext(path)	分割路径，返回路径名和文件扩展名的元组
os.path.splitunc(path)	把路径分割为加载点与文件
os.walk(path)	os.walk()方法接收一个参数，即要遍历的起始目录的路径。该路径可以是相对路径或绝对路径。当调用 os.walk() 方法时，它会从指定的起始目录开始遍历整个目录树，并生成包含当前目录路径、子目录列表和文件列表的三元组

3. shutil 模块

Python 另外一个标准库——shutil 库，作为 os 模块的补充，提供了复制、移动、删除、压缩、解压等文件操作。需要注意的是：shutil 模块对压缩包的处理是调用 ZipFile 和 tarfile 这两个模块来进行的。shutil 模块常用函数如表 5-5 所示。

表 5-5　shutil 模块常用函数

函　数	功　能
copy(src,dst)	复制文件，新文件具有同样的文件属性，如果目标文件已存在则抛出异常
copy2(src, dst)	复制文件，新文件具有与源文件完全一样的属性，包括创建时间、修改时间和最后访问时间等，如果目标文件已存在则抛出异常
copyfile(src,dst)	复制文件，不复制文件属性，如果目标文件已存在则直接覆盖
copyfileobj(fsrc,fdst)	在两个文件对象之间复制数据
copymode(src, dst)	把 src 的模式位(mode bit)复制到 dst 上，之后两者具有相同的模式
copystat(src,dst)	把 src 的模式位、访问时间等所有状态都复制到 dst 上
copytree(src,dst)	递归复制文件夹
disk_usage(path)	查看磁盘的使用情况
move(src,dst)	移动文件或递归移动文件夹，也可以给文件和文件夹重命名
rmtree(path)	递归删除文件夹
make_archive(base_name, format, root_dir= None,base_dir=None)	创建 TAR 或 ZIP 格式的压缩文件
unpack_archive(filename, extract.dir=None, format=None)	解压缩文件

【任务评估】

本任务的任务评估表如表 5-6 所示，请根据学习实践情况进行评估。

表 5-6　自我评估与项目小组评价

任务名称					
小组编号		场地号		实施人员	
自我评估与同学互评					
序　号	评估项	分　值	评估内容		自我评价
1	任务完成情况	30	按时、按要求完成任务		
2	学习效果	20	学习效果符合学习要求		
3	笔记记录	20	记录规范、完整		
4	课堂纪律	15	遵守课堂纪律，无事故		
5	团队合作	15	服从组长安排，团队协作意识强		
自我评估小结					
任务小结与反思：通过完成上述任务，你学到了哪些知识或技能？ 组长评价：					

项 目 总 结

【项目实施小结】

文件操作是 Python 中常用的功能之一，也是许多项目中必不可少的一部分。Python 提供了许多内置函数和模块用于文件操作。文件操作主要是对文件进行读写操作，读文件是将文件中的数据读入计算机内存；写文件是将内存中的数据写入文件存储到硬盘中，使数据可以反复使用。也可以通过文件读写操作在不同项目中进行数据交互。

通过本项目的学习，读者要了解文件的类型，掌握常用的文件操作，如文件打开、读写、删除、移动等，掌握 Python 读写 Excel、CSV 等文本文件的操作方法，以及文件目录的创建、遍历、删除等操作。

下面请读者根据项目所学内容，从本项目实施过程中遇到的问题、解决办法、收获和体会等各方面进行认真总结，并形成总结报告。

【举一反三能力】

1. 通过查阅资料和代码实践，实现 Python 读写 Word 文件。
2. 通过查阅资料和代码实践，实现 Python 读写 PDF 文件。
3. 通过查阅并收集资料，总结现有 Excel、CSV、Word、PDF、TXT 等常用类型文件的读写模块有哪些。

【对接产业技能】

Python Web 开发中文件处理功能。

项目拓展训练

【基本技能训练】

通过项目学习，回答以下问题。
1. 文件打开操作需要用哪个 Python 内置函数？
2. 文件打开的模式有哪些？
3. 常用的文件操作模块有哪些？
4. 编写程序，复制当前目录下的 file.txt 为 file1.txt。
5. 编写程序，统计一个文件中的单词个数。
6. 编写程序，将自己的个人信息写入 student.txt 文件。
7. 编写程序，列出当前目录下的所有文件和子目录。
8. 编写程序，复制整个目录到其他位置，包含目录下的子目录和文件。
9. 编写程序，统计指定文件夹的大小以及文件和子文件夹的数量。

【综合技能训练】

根据项目学习和资料收集，编程统计分析自己上学期各门课程的得分情况，读取自己的 Excel 成绩表文件，分类汇总得分，每门课程的平均分、最高分、最低分，并将分析结果写入另一个 Excel 成绩分析表文件。

项 目 评 价

【评价方法】

对本项目学习的评价采用自我评价、小组评价、教师评价相结合的评价方式，分别从项目实施、核心任务完成、拓展训练三个方面进行。

【评价指标】

本项目的评价指标体系如表 5-7 所示，请根据学习实践情况进行打分。

表 5-7 项目评价表

项目名称				项目承接人		小组编号		
Python 文件处理								
项目开始时间		项目结束时间		小组成员				
评价指标			分值	评价细则		自我评价	小组评价	教师评价
项目实施情况(20分)	纪律情况(5分)	项目实施准备	1	准备书、本、笔、设备等				
		积极思考回答问题	2	视情况评分				
		跟随教师进度	2	视情况评分				
		违反课堂纪律	0	此为否定项，如有违反，根据情况直接在总得分基础上扣0~5分				
	考勤(5分)	迟到、早退	5	迟到、早退者，每项扣2.5分				
		缺勤	0	此为否定项，如有违反，根据情况直接在总得分基础上扣0~5分				
	职业道德(5分)	遵守规范	3	根据实际情况评分				
		认真钻研	2	依据实施情况及思考情况评分				
	职业能力(5分)	总结能力	3	按总结的全面性、条理性进行评分				
		举一反三能力	2	根据实际情况评分				
核心任务完成情况(60分)	Python 文件处理(40分)	文件的基本操作	1	区分文件的类型				
			1	掌握文件打开关闭操作				
			2	掌握文件读写操作				
			2	掌握文件复制操作				
			1	掌握文件删除操作				
			2	掌握文件重命名操作				
			2	掌握文件移动操作				

续表

评价指标			分值	评价细则	自我评价	小组评价	教师评价
核心任务完成情况(60分)	Python文件处理(40分)	文件的基本操作	2	掌握文件属性获取操作			
			5	掌握 Excel 文件读写操作			
			5	掌握 CSV 文件读写操作			
		文件目录操作	3	掌握创建目录操作			
			3	掌握读取当前目录操作			
			3	掌握遍历目录操作			
			3	掌握删除目录操作			
			5	熟悉常用文件操作模块			
	综合素养(20分)	语言表达	5	互动、讨论、总结过程中的表达能力			
		问题分析	5	问题分析情况			
		团队协作	5	实施过程中的团队协作情况			
		工匠精神	5	敬业、精益、专注、创新等			
拓展训练情况(20分)	基本技能和综合技能(20分)	基本技能训练	10	基本技能训练情况			
		综合技能训练	10	综合技能训练情况			
总分							
综合得分(自我评价 20%,小组评价 30%,教师评价 50%)							
组长签字:				教师签字:			

项目 6

验证码生成器——
Python 函数与模块

案例导入

随着互联网的兴起，程序一方面给我们带来了生活上的便利，另一方面也给我们带来了一些危机，如信息泄露等。因此，在软件开发过程中程序员总会想很多方法来保障信息安全。譬如，在登录网站时，我们常常被要求输入各种各样的验证码，其实这就是一种保障信息安全的常用方法。它可以有效区分访问网站的是合法用户还是机器人，避免自动程序带来的恶意操作，有效抑制信息泄露或服务器崩溃等问题的发生。

近期，某公司正在开发一个用来管理客户信息的网站。因为该网站涉及很多重要信息，所以项目组计划在重要环节增加验证码来提升网站的安全性，譬如用户登录、数据下载、数据删除等操作，避免机器人对网站进行攻击。综合来看，该验证码的使用具有以下特点。

(1) 能够被多个业务模块使用。

(2) 由字母和数字随机组成。

(3) 验证码位数根据各模块的安全性要求有所不同。

为了保证验证码格式的统一和便于管理，需要找到一种方法对验证码生成器单独封装，以支持其他程序员的反复使用。如果该任务需要读者来完成，读者可以采用什么方法实现呢？其实，这就像此前使用的 print()、input() 和 len() 等，我们可以直接使用，而不需要知道实现的原理，这些就是函数。通过本项目的学习，读者可以使用函数和模块实现验证码生成器的开发和调用。

任务导航

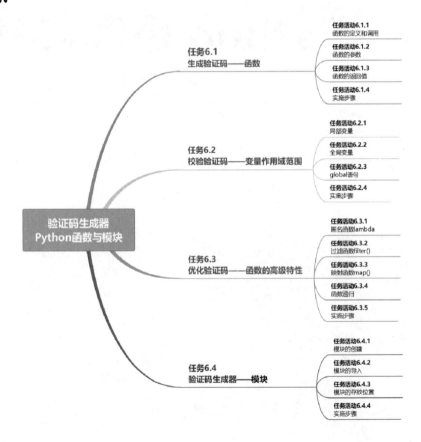

学习目标

知识目标

1. 了解随机数生成函数 random()。
2. 了解函数在程序设计中的意义。
3. 理解随机验证码生成的逻辑。
4. 掌握 Python 函数的定义。
5. 掌握 Python 函数的调用。
6. 理解 Python 变量作用域的含义。
7. 掌握 Python 模块的创建与使用。

技能目标

1. 具备编写代码解决问题的能力。
2. 能够使用函数封装具有独立功能的代码。
3. 能够理解 Python 变量在不同代码位置的作用域。
4. 具备导入 Python 模块和封装模块的能力。
5. 能够正确设置函数参数和返回值。

素养目标

1. 培养学生具备信息安全和职业道德的素养。
2. 培养学生问题分析、代码实现的逻辑思维能力。
3. 培养学生具备自我批评、诚实、守信的学习态度。
4. 培养学生具备团队协作、互帮互助的团队精神。
5. 培养学生关注细节、精益求精、创新的工匠精神。

任务 6.1　生成验证码——函数

生成验证码

【任务描述】

验证码生成器的主要功能是为其他业务模块提供验证码，所以其首要任务是生成验证码。通过项目分析可以知道对验证码生成器的具体要求如下。

(1) 随机生成包含数字、大写字母、小写字母的验证码。
(2) 随机生成验证码的位数不固定，由调用者决定。
(3) 独立封装，支持重复使用。

【任务分析】

通过前面项目的学习，我们可以使用循环结构生成固定位数的随机字符，再通过字符串的拼接生成验证码。但是按照之前的编码方式，无法实现验证码位数的动态调整，同时在其他业务模块需要使用时，只能通过复制代码的方式实现。这种方式会造成代码的重复率过高，出现代码难以维护等问题。所以就需要找到一个方法将代码按照功能或实现区分开，让它们能像乐高积木一样，既能独立存在，又能随意拼装和反复使用。这个方法在 Python

程序设计中就叫作"函数"。

函数分为内置函数和自定义函数,如之前使用的 print()和 len()函数都属于 Python 自带的内置函数。我们要实现验证码生成器,需要使用到自定义函数。接下来我们首先需要明确函数是如何定义以及如何调用的;其次,掌握如何使用函数的参数和返回值,实现验证码位数的动态调整;最后,梳理验证码生成器的实现逻辑,完成验证码生成函数。

【任务实施】

任务活动 6.1.1　函数的定义和调用

函数的定义与
调用

1. 函数的定义

函数的定义非常简单,使用关键字 def 声明即可。Python 定义函数的语法如下:

```
def 函数名(参数列表):
    函数体
    [return 返回值]
```

其中,返回值不是必需的,如果没有 return 语句,则 Python 默认返回值为 None。函数通过 def 关键字定义,def 关键字后是函数的标识符名称(注意:需要满足标识符规范),然后是一对圆括号。函数的参数放在圆括号中,参数的个数可以是零个、一个或多个,参数之间用逗号隔开,这种参数称为形式参数。Python 支持形式参数的默认值语法,默认值的赋值是可选的。函数名称及参数定义之后,用冒号作为结束标识。冒号下面就是函数的主体部分,需要缩进。

自定义函数格式

为了更好地理解函数的工作原理,让我们来创建一个函数。在代码编辑器中新建 demo6_1_1.py 文件,并输入以下程序:

```
1   # 函数的定义
2   def my_first_function():
3       print("这是我创建的第一个函数。")
```

参数传递与
返回值

在这段代码中,定义了一个名称为 my_first_function 的函数,它不需要任何信息就能完成工作,因此括号是空的,即没有参数(即便如此,括号也必不可少)。在函数的主体部分,代码行"print('这是我创建的第一个函数。')"是唯一一行代码,说明该函数只做一项工作:打印输出"这是我创建的第一个函数。"

这个示例演示了最简单的函数结构,说明函数可以没有参数和返回值。

2. 函数的调用

我们创建了一个函数,如果从来都不去调用它,那么这个函数里的代码就永远不会被执行。那么怎么调用该函数呢?函数可以在当前的文件中调用,也可以在其他模块中调用。函数调用的语法如下:

```
函数名(参数)
```

函数的调用采用函数名加一对圆括号的方式,圆括号内的参数是传递给函数的具体值,称为实际参数。函数调用中的实参列表分别与函数定义中的形参列表对应。如果没有参数,则不填。

下面调用已经创建好的函数 my_first_function()，代码如下：

```
1    # 函数的调用
2    my_first_function()
```

因为在 my_first_function()函数中只做了一项工作，使用 print 语句打印"这是我创建的第一个函数。"提示信息，因此在调用该函数时，输出结果如下：

这是我创建的第一个函数。

函数的调用和运行机制：当函数 my_first_function()发生调用操作的时候，Python 会自动往上找到 def my_first_function()的定义过程，然后依次执行该函数包含的代码(也就是冒号后面的缩进部分)。如果函数主体部分有多行代码，函数调用时，只需要一条语句，就可以轻松地实现函数内的所有功能。

任务活动 6.1.2　函数的参数

1. 实参和形参

函数 my_first_function()只向用户显示固定的提示信息"这是我创建的第一个函数。"，那如何将"我"替换为指定的姓名呢？这个时候就需要使用到函数的参数进行信息的传递。

函数名后面的括号放的就是函数的参数，存在多个参数时，用逗号隔开。当调用函数的时候，也需要以同样的方式提供值(函数定义中的参数名称为形参，用户调用函数时给的值称为实参)。Python 通过名字绑定的机制，把实际参数的值和形式参数的名称绑定在一起，即把形式参数传递到函数所在的局部命名空间中，形式参数和实际参数指向内存中的同一个存储空间。

为此，我们在文件 demo6_1_2.py 中重新定义 my_first_function()函数，在函数定义的括号内添加变量 name，让函数接受给 name 指定的任何值，同时将 print()打印输出的字符串进行处理，将"我"替换为变量 name 的值。现在，在调用这个函数时，就需要给 name 指定一个值，将值传递给它，如下所示：

```
1    # 函数的定义
2    def my_first_function(name):
3        print(f"这是{name}创建的带参数的函数。")
4
5    # 函数调用
6    my_first_function("Tom")
```

代码 my_first_function("Tom")调用函数 my_first_function()，并向它提供执行 print 语句所需的信息。变量 name 是一个形参——函数完成其工作所需的一项信息，值 Tom 则是一个实参——调用函数时传递给函数的信息。和预期一样，它打印输出的提示信息中将包含 Tom 名称：

这是 Tom 创建的带参数的函数。

可以根据需要调用函数 my_first_function()任意次，调用时无论传入什么样的名字，都会生成相应的输出。

Python 程序设计项目教程(微课版)

2. 位置参数和关键字参数

鉴于函数定义中可能包含多个形参，因此函数调用中也可能包含多个实参。那多个参数之间如何对应呢？常用的方式有位置参数和关键字参数两种。其中位置参数采用与形参相同的顺序进行参数传递，如果实参顺序错了或者形参位置有所变更，都会导致函数调用出错；关键字参数，类似字典结构，每个实参都由变量名和值组成，通过变量名与形参对应。关键字参数容错率更高，更推荐。

为明白其中的工作原理，接下来展示两种方式的区别。我们定义一个显示学生成绩的函数 print_score()，具体见文件 demo6_1_3.py。这个函数可以用来显示学生的姓名以及他本门课程的成绩，如下所示：

```
1   # 函数的定义
2   def print_score(name, score):
3       print(f"{name}的课程成绩为{score}分。")
```

这个函数的定义表明，它需要两个实参，分别与形参 name 和 score 进行对应。接下来使用位置参数和关键字参数两种方式分别调用该函数，查看输出的结果有何不同。

```
1   # 函数正确调用
2   print_score('小李', 80)                    # 位置参数
3   print_score(name='小李', score=80)         # 关键字参数
4   # 错误的调用
5   print_score(80, '小李')
6   print_score(name1='小李', score=80)
```

在这段代码中，第 2、3 行代码使用正确的参数对应方式；第 5 行代码使用错误的参数顺序；第 6 行代码使用错误的 name1 变量。最后输出的结果如下：

```
小李的课程成绩为 80 分。
小李的课程成绩为 80 分。
80 的课程成绩为小李分。
TypeError: print_score() got an unexpected keyword argument 'name1'
```

从结果中可以看出，不论采用哪种参数传递方式，只要形参和实参正确对应，函数都能够正确运行。如果顺序出错或者形参名称写错，将会得到错误信息或者报错，所以在调用函数时一定要先明确函数形参的位置和标识符。

3. 默认参数值

函数的参数支持默认值，当某个参数没有传递实际值时，函数将使用默认参数值进行运算。例如，在文件 demo6_1_4.py 中重新定义 print_score()函数，为其参数 name 和 score 提供默认值，具体如下：

```
1   # 函数的定义
2   def print_score(name="小陈", score=60):
3       print(f"{name}的课程成绩为{score}分")
```

在这段代码中，使用赋值表达式的方式定义了 name 参数的默认值为"小陈"，score 参数的默认值为 60。下面来调用函数，请具体查看不同的实参运行的结果有何不同。

```
1   # 函数的调用
```

156

```
2    print_score('小李', 80)
3    print_score('小李')
4    print_score(score=80)
5    print_score()
```

在上述代码中，第 2 行代码中提供了两个实际参数：name 参数值为"小李"，将默认的"小陈"覆盖；score 参数值为 80，将默认的 60 覆盖。输出结果如下：

小李的课程成绩为 80 分。

第 3 行代码中仅提供了一个实际参数，根据位置参数的对应方式，该参数对应 name 形参，即 name 参数值为"小李"，score 参数保持默认值 60。输出结果为：

小李的课程成绩为 60 分。

第 4 行代码中使用关键字参数进行参数传递，score 参数的实际值为 80，而 name 保持原有默认值"小陈"。输出结果为：

小陈的课程成绩为 80 分。

第 5 行代码中没有提供任何实际参数，即两个参数都采用默认值。输出结果为：

小陈的课程成绩为 60 分。

注意：若存在多个形参，只设置部分参数的默认值时，设置默认值的参数需要放于参数列表的末尾。大家知道为什么吗？

4. 列表参数值

函数的参数不仅可以是常见的字符串、数字等简单数据结构，也可以是元组、列表、对象等内置数据结构。例如，新建文件 demo6_1_5.py，定义如下函数：

```
1    # 函数的定义
2    def print_score(names=[], score=60):
3        name = names[0]
4        print(f"{name}的课程成绩为{score}分。")
```

这段代码中，函数 print_score() 的第一个形参与之前有所不同，是一个名称为 names 的列表，默认为空列表。在函数主体部分，首先声明了一个名称为 name 的变量，并获取参数 names 列表中的第一个元素的值，再进行信息的打印。调用函数时，第一个实际参数必须是列表，如['小李', '小陈']，调用命令为：

```
1    # 函数的调用
2    print_score(['小李','小陈'])
```

运行代码，输出结果如下：

小李的课程成绩为 60 分。

5. 可变长度参数值

有时候，可能函数也不知道调用者实际会传入多少个实参，例如我们熟悉的 print() 函数：

```
>>> print(1,2,3,4,5)
1 2 3 4 5
>>> print("I","Love","Python")
```

```
I Love Python
```

若实参个数不确定,在定义函数的时候,就可以在函数的参数前使用标识符*来实现这个要求。*可以引用元组,将多个参数组合在一个元组中。以文件 demo6_1_6.py 中的函数定义为例,具体代码如下:

```
1   # 传递可变参数
2   def print_score(*student):
3       name = student[0]
4       score = student[1]
5       print(f"{name}的课程成绩为{score}分。")
```

在这段代码中,首先在 print_score()函数中使用标识符*定义了一个可变长度的参数 student,统一接收学生信息。接着在函数主体部分声明了两个变量 name 和 score,并分别赋予 student 元组中的第 1 个值和第 2 个值。最后打印组合后的信息。下面来调用 print_score()函数,传入不同的参数以查看该函数的不同结果。

```
1   # 函数调用
2   print_score('小李', 80)
3   print_score('小陈', 91, '计算机')
```

在第 2 行代码中,虽然调用方法与之前是一样的,但由于参数使用了*标识符,传入的实际参数被封装到一个元组中,可以理解为形参 student 接收到的参数为('小李', 80)。输出结果如下:

小李的课程成绩为 80 分。

在第 3 行代码中,实际参数给了 3 个,相当于形参 student 接收到的参数为('小陈', 91, '计算机'),但是函数主体部分只处理了 student 的前两个值,所以程序只是多接收了一个不会处理的值,不会报错。输出结果如下:

小陈的课程成绩为 91 分。

试一试,如果实际参数只有一个会怎么样?

6. 字典类型参数值

Python 还提供了一个标识符**。在形式参数前面添加**,可以引用一个字典作为参数,根据实际参数的赋值表达式生成字典。那么将 print_score()函数的形参更改为字典类型又应该是怎样的呢?具体见文件 demo6_1_7.py 中的代码:

```
1   # 传递字典类型的参数
2   def print_score(**student):
3       name = student.get('name')
4       score = student.get('score')
5       print(f"{name}的课程成绩为{score}分。")
```

在这段代码中,定义了 print_score()函数的参数为字典类型。接着在函数主体部分以字典的方式处理参数 student,使用 get()方法将 key 为 name 的值赋给新声明的变量 name,将 key 为 score 的值赋给新声明的变量 score。最后打印组合后的信息。下面来调用 print_score()函数,传入不同的参数以查看不同结果。

```
1    # 函数调用
2    print_score(name='小李', score=80)
3    print_score(name1='小陈', score=91, course='计算机')
```

从这段代码中可以看出，如果函数的形参为字典类型，需要使用关键字参数的方式进行参数的传递。第 2 行代码中，实际参数的名称为 name 和 score，与 print_score()函数主体部分所处理的字典属性名对应，能够正确运行输出结果：

小李的课程成绩为 80 分。

第 3 行代码中，实际参数有 3 个，比函数主体部分所使用的字典属性名多一个 course。同时，使用 name1 替换正确的 name，函数主体部分所需字典属性名将缺失。运行该段代码，输出结果如下：

None 的课程成绩为 91 分。

从结果可看出，因为函数主体部分没有找到对应的字典属性名，所以输出 None。这是字典的 get()方法所具有的特性。大家试一试如果使用 dict[key]方式取字典属性值会如何？而多出的 course 参数并未影响结果的输出。所以在形参为字典类型时，一定要注意参数名称的正确性。

注意：如果函数的参数类型既有元组(形式参数前加*)，又有字典(形式参数前加**),那么*必须写在**的前面，这是语法规定。

任务活动 6.1.3　函数的返回值

如果调用 len()函数，并向它传入像 Hello 这样的参数，函数调用结果则为整数 5，这是传入的字符串的长度。一般来说，调用函数返回的结果，称为函数的"返回值"。在函数中，可使用 return 语句将值返回到调用函数的代码行，即退出函数。返回值能够让开发者将程序的大部分繁重工作转移到函数中完成，从而简化主程序。不带参数值的 return 语句返回 None。

重新定义 print_score()函数，将之前打印的提示信息作为字符串返回到调用函数的代码行，由调用方进行打印展示。具体见文件 demo6_1_8.py：

```
1    # 函数的定义
2    def print_score(name, score):
3        msg = f"{name}的课程成绩为{score}分。"
4        return msg
5
6    # 函数调用
7    msg = print_score(name='小李', score=80)
8    print(msg)
```

运行这段代码，输出结果如下：

小李的课程成绩为 80 分。

细心的同学会发现，这段代码的执行效果和上述执行效果是一样的，都会打印出"小李的课程成绩为 80 分。"的提示信息，只是 print 打印语句的位置有所不同。之前是函数内部打印,现在是调用函数后再打印。实际项目中可根据需要巧妙使用 return 返回值选择参数的处理位置。

如果 return 语句中使用了表达式,返回值就是该表达式运算的结果。例如,文件 demo6_1_9.py 中定义了一个加法函数,它可以根据传入的数字参数,返回数字的总和。

```
1   # 函数的定义
2   def add(a, b):
3       return a + b
4
5   # 函数调用
6   print(add(3, 4))
```

代码直接使用 print 语句将 add()函数的返回值打印,结果如下:

```
7
```

任务活动 6.1.4　实施步骤

下面使用 Python 中的函数实现一个验证码生成函数。

操作步骤如下。

(1) 选择 File | New Project 命令,新建一个项目 project_6,如图 6-1 所示。

图 6-1　新建项目

(2) 在新建的项目名称 project_6 上右击,选择 New | Python File 命令,如图 6-2 所示,新建一个 Python 文件,命名为 valid_code.py。

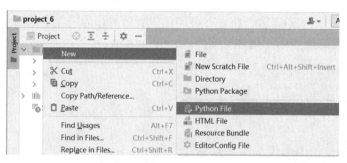

图 6-2　新建 Python 文件

(3) 在文件 valid_code.py 中定义一个新函数 generator(),设置参数及其默认值为 code_len=6,用于生成验证码。

(4) 梳理验证码生成的逻辑。

① 确定数字、大小写字母的可选范围,使用字符串形式存储其可选集。

② 遍历验证码位数,保证产生的随机数个数同函数传入值,使用 random 模块的 randint()

方法生成随机数，确定当前位置的字符类型，0 是数字，1 是小写字母，2 是大写字母。

③　根据确定的字符类型，使用 random 模块的 choice()方法从对应类型的可选集中选取对应的字符，并添加到验证码的末尾，其中小写字母由大写字母转换而来。

(5)　生成随机验证码的具体代码如下。

```
1   import random
2
3   # 函数参数为验证码长度，默认为 6 位
4   def generator(code_len=6):
5       # 可选数字
6       numbers = '0123456789'
7       # 可选字母
8       letters = 'ABCDEFGHIJKLMNOPQRSTUVWXYZ'
9       # 支持的字符类型，包括数字、小写字母、大写字母
10      code_types = ['number', 'lowercase', 'uppercase']
11      # 首先初始化验证码变量，用于存放最后生成的验证码
12      code = ''
13      # 1.遍历验证码个数，便于生成 6 个字符
14      for _ in range(code_len):
15          # 2.判断此字符是数字、大写字母还是小写字母
16          type_index = random.randint(0, 2)
17          code_type = code_types[type_index]
18          # 3.根据字符类型随机选择字符
19          if code_type == 'number':
20              # 4.调用 random 模块的 choice()方法选择字符
21              code += random.choice(numbers)
22          elif code_type == 'lowercase':
23              # 5.如果字符类型要求为小写字母，则需要调用 lower()方法，将选取的大写
                    字母转换为小写字母
24              code += random.choice(letters).lower()
25          else:
26              code += random.choice(letters)
27      return code
```

(6)　调用函数 generator(8)，代码如下。

```
1   # 函数调用
2   print(generator(8))
```

(7)　最后输出结果，如图 6-3 所示。因为是随机数，每次运行都有所不同，所以仅展示示例。

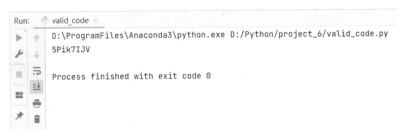

图 6-3　程序运行结果

【任务评估】

本任务的任务评估表如表 6-1 所示，请根据学习实践情况进行评估。

表 6-1　自我评估与项目小组评价

任务名称					
小组编号		场地号		实施人员	
自我评估与同学互评					
序　号	评估项	分　值	评估内容		自我评价
1	任务完成情况	30	按时、按要求完成任务		
2	学习效果	20	学习效果符合学习要求		
3	笔记记录	20	记录规范、完整		
4	课堂纪律	15	遵守课堂纪律，无事故		
5	团队合作	15	服从组长安排，团队协作意识强		
自我评估小结					

任务小结与反思：通过完成上述任务，你学到了哪些知识或技能？

组长评价：

任务 6.2　校验验证码——变量作用域范围

【任务描述】

使用 Python 函数实现的验证码生成器具有独立封装的特性，其他业务模块可以随时调用。但是一个网站的所有功能不一定都是新增的，譬如本项目的一些业务模块属于旧组件升级，这些旧组件中往往自带了一些旧验证码生成器。为保证产品功能的统一，开发组决定在验证码生成函数的基础上，增加一个验证码校验功能。具体要求如下。

校验验证码

(1) 判断旧验证码长度与新规定长度是否一致。

(2) 判断旧验证码格式是否符合当前规范，符合返回 True 建议复用，否则返回 False 建议重新生成。

【任务分析】

根据任务描述可知，验证码校验功能主要是对旧验证码的长度和字符格式进行判断。判断验证码长度比较简单，通过 len()函数获取旧验证码长度，然后与要求长度进行判断即可。而格式验证，需要验证每位字符是否属于数字、大写字母、小写字母中的一种。这个需要先获取可选集，然后进行对比。从任务 6.1 的实现代码 generator()函数的主体部分可以看出，字符的可选集已使用变量 numbers 和 letters 声明。那在验证码校验函数中是否可以直接使用呢？这涉及变量的作用域。因为在 Python 语法中，变量分为局部变量和全局变量，其作用域有所不同。大家需要先明确这两者的区别，再决定如何复用可选集变量实现验证码校验功能。

【任务实施】

任务活动 6.2.1　局部变量

定义在函数内部的变量，称为"局部变量"。局部变量只能在函数的内部生效，所以函数内部又称为"局部作用域"。局部变量不能在函数外被引用。我们来分析 demo6_2_1.py 文件中的以下代码，判断哪些变量是局部变量。

```
1   def get_total_score(daily_score, exam_score):
2       total_score = daily_score * 0.3 + exam_score * 0.7
3       return total_score
4
5   input_daily_score = float(input('请输入平时成绩：'))
6   input_exam_score = float(input('请输入考试成绩：'))
7   score = get_total_score(input_daily_score, input_exam_score)
8
9   print("该学生的总成绩是：%.2f" % score)
```

该代码主要是根据外部输入的平时成绩和考试成绩，按照不同的占比计算出最后的总分。程序运行后，依次输入 80、82，最后执行结果如下：

请输入平时成绩：80
请输入考试成绩：82
该学生的总成绩是：81.40

分析：在函数 get_total_score(daily_score, exam_score)中，一共存在三个变量，其中两个为函数形参 daily_score 和 exam_score，还有一个是函数主体部分声明的 total_score，它们都是该函数中的局部变量。

为什么把它们称为局部变量呢？不妨在最后增加一行代码，具体如下：

```
1   def get_total_score(daily_score, exam_score):
2       total_score = daily_score * 0.3 + exam_score * 0.7
3       return total_score
4
5   input_daily_score = float(input('请输入平时成绩: '))
6   input_exam_score = float(input('请输入考试成绩: '))
7   score = get_total_score(input_daily_score, input_exam_score)
8
9   print("该学生的总成绩是: %.2f" % score)
10  print('试图在函数外部访问局部变量 total_score 的值: %.2f' % total_score)
```

程序运行，程序报错：

```
请输入平时成绩：80
请输入考试成绩：82
该学生的总成绩是：81.40
Traceback (most recent call last):
  File "D:\Python\chapter_6\demo6_2_1.py", line 12, in <module>
    print('试图在函数外部访问局部变量 total_score 的值: %.2f' % total_score)
NameError: name 'total_score' is not defined
```

错误分析：Python 提示没有找到 total_score 的定义，也就是说，Python 找不到 total_score 这个变量。这是因为 total_score 只是一个局部变量，它只在 get_total_score()函数的定义范围内有效，超出这个范围，它将是未定义变量。

任务活动 6.2.2　全局变量

与局部变量相对的就是全局变量，即在所有函数之外赋值的变量。全局作用域和局部作用域有所不同，不仅仅是所有函数之外的区域，而是整个程序范围，所以全局变量在整个程序中都生效。上面代码中的 input_daily_score、input_exam_score、score 都是在函数外面定义的，它们都是全局变量，因此在函数中可以访问它们。修改 demo6_2_1.py 文件中的代码为：

```
1   def get_total_score(daily_score, exam_score):
2       total_score = daily_score * 0.3 + exam_score * 0.7
3       print('试图在函数内部访问全局变量 input_daily_score 的值: %.2f'
4             % input_daily_score)
5       return total_score
6
7   input_daily_score = float(input('请输入平时成绩: '))
8   input_exam_score = float(input('请输入考试成绩: '))
```

```
9    score = get_total_score(input_daily_score, input_exam_score)
10
11  print("该学生的总成绩是: %.2f" % score)
```

程序运行结果如下：

```
请输入平时成绩: 80
请输入考试成绩: 82
试图在函数内部访问全局变量 input_daily_score 的值: 80.00
该学生的总成绩是: 81.40
```

一个变量必是全局变量和局部变量中的一种，不能既是局部变量又是全局变量。可以将作用域看作变量的容器。当作用域被销毁时，所有保存在该作用域内的变量值都会被回收。所以我们每次调用函数时，都会创建一个局部作用域，变量在这个作用域中会被重新初始化赋值，不会记住上次运行时的值。该函数返回时，这个局部作用域就会被销毁，这些变量会被回收。

综合上面的示例，可以归纳出关于全局变量和局部变量的如下特性。

(1)　任何局部变量只能在局部作用域(即函数内部)中使用。

(2)　全局变量可以在局部作用域中使用，即全局作用域包含局部作用域。

(3)　在一个函数中不能使用其他局部作用域中的变量，即函数之间的变量不能互用。

(4)　在不同的作用域中，变量名可以相同。也就是说，一个程序文件中可以同时有一个局部变量 score 和一个全局变量 score。

任务活动 6.2.3　global 语句

我们已经知道全局变量的作用域是整个程序段，也就是在程序段内所有函数内部都可以访问到全局变量。那如果我们在函数内部对其进行修改，Python 会如何处理呢？接下来，我们重新定义 get_total_score()函数，具体见 demo6_2_2.py 文件。

```
1   def get_total_score(daily_score, exam_score):
2       total_score = daily_score * 0.3 + exam_score * 0.7
3       input_daily_score = 100
4       print("函数内的 input_daily_score 值为: %.2f" % input_daily_score)
5       return total_score
6
7
8   input_daily_score = float(input('请输入平时成绩: '))
9   input_exam_score = float(input('请输入考试成绩: '))
10  score = get_total_score(input_daily_score, input_exam_score)
11
12  print("该学生的总成绩是: %.2f" % score)
13  print("修改后, 函数外的 input_daily_score 值为: %.2f"% input_daily_score)
```

在这段代码中，函数 get_total_score()使用了全局变量 input_daily_score，并且对其进行修改，将 100 赋值给它。在修改后，使用 print 语句在函数内和函数外对全局变量 input_daily_score 进行了打印，查看值的变化。结果如下：

```
请输入平时成绩: 80
```

请输入考试成绩：82
函数内的 input_daily_score 值为：100.00
该学生的总成绩是：81.40
修改后，函数外的 input_daily_score 值为：80.00

从结果中可以看出，在函数内部修改全局变量 input_daily_score 后，其值变更为了 100，但是在函数外部其值并未修改，仍然为输入值 80。这是因为 Python 使用屏蔽手段对全局变量进行了保护，一旦函数内部试图直接修改全局变量，Python 就会在函数内部创建一个名字一模一样的局部变量代替，这样修改的结果只会影响到局部变量，全局变量丝毫不变。

是不是就可以任意使用全局变量呢？其实不然。虽然在函数内部修改全局变量相当于新声明一个同名局部变量，但是这样的同名会导致程序可读性变差，出现莫名其妙的 Bug，缺陷定位的难度加大，不建议这样使用。

如果我们的确有必要在函数内部修改这个全局变量，可以使用 global 语句。同样以 demo6_2_2.py 文件中的 get_total_score()函数为例，介绍 global 如何使用。

```
1    def get_total_score(daily_score, exam_score):
2        total_score = daily_score * 0.3 + exam_score * 0.7
3        global input_daily_score
4        input_daily_score = 100
5        print("函数内的 input_daily_score 值为：%.2f" % input_daily_score)
6        return total_score
7
8
9    input_daily_score = float(input('请输入平时成绩：'))
10   input_exam_score = float(input('请输入考试成绩：'))
11   score = get_total_score(input_daily_score, input_exam_score)
12
13   print("该学生的总成绩是：%.2f" % score)
14   print("修改后，函数外的 input_daily_score 值为：%.2f"% input_daily_score)
```

如上述第 3 行代码所示，添加一句 global input_daily_score，即可实现全局变量 input_daily_score 在函数内部的声明，即可对全局变量直接修改。运行这段代码，输出结果如下：

请输入平时成绩：80
请输入考试成绩：82
函数内的 input_daily_score 值为：100.00
该学生的总成绩是：81.40
修改后，函数外的 input_daily_score 值为：100.00

在小程序中使用全局变量没有太大问题，但当程序变得越来越大时，依赖全局变量就是一个坏习惯。随意使用全局变量，会导致在修改其值时，使用同一全局变量的其他代码也随着被修改，导致功能异常。局部作用域可以有效减轻变量在函数间的影响，降低缺陷发生率。

任务活动 6.2.4　实施步骤

通过对上述知识点的学习，我们已经明白了全局变量和局部变量的区别，知道验证码生成函数 generator()中的可选字符集变量 numbers、letters 和 code_types 属于局部变量。局部变量不能在函数之间互用，可以将其修改为全局变量，再实现验证码校验功能。具体操作步骤如下。

(1)　打开项目 project_6，并打开文件 valid_code.py，如图 6-4 所示。

图 6-4　打开 valid_code.py 文件

(2)　在程序文件中新增一个函数 is_valid()，判断输入的验证码是否有效。设定参数为 (code, valid_len)，分别表示需要校验的旧验证码和验证码的有效长度。

(3)　梳理验证码校验的逻辑。

①　将函数 generator()中的变量 numbers、letters 和 code_types 移动到函数外部，放置于 def 函数定义的上方。

②　在函数 is_valid()内部，使用 len()方法计算验证码 code 的长度，与传入的 valid_len 进行比较。如果相同，说明长度校验成功，继续下一步；否则校验失败，返回 False，结束函数。

③　将字符可选集进行拼接，形成一个整体的有效字符集。注意，letters 只包含大写字母，需要使用 lower 方法转为小写字母再拼接。

④　对旧验证码 code 进行遍历，判断每一位字符是否都在有效字符集中。如果有一位字符不在，说明有效字符校验失败，返回 False，结束函数；否则继续下一步。

⑤　在函数的最后一行，返回 True，结束函数，表示该验证码通过了上述校验，是有效的。

(4)　最后实现的代码如下。

```
1    import random
2
3    # 可选数字
4    numbers = '0123456789'
5    # 可选字母
6    letters = 'ABCDEFGHIJKLMNOPQRSTUVWXYZ'
7    # 支持的字符类型，包括数字、小写字母、大写字母
8    code_types = ['number', 'lowercase', 'uppercase']
9
10   # 函数参数为验证码长度，默认为 6 位
11   def generator(code_len=6):
12       # 首先初始化验证码变量，用于存放最后生成的验证码
13       code = ''
14       # 1.遍历验证码个数，便于生成 6 个字符
15       for _ in range(code_len):
16           # 2.判断此字符是数字、大写字母还是小写字母
```

```
17          type_index = random.randint(0, 2)
18          code_type = code_types[type_index]
19      # 3.根据字符类型随机选择字符
20      if code_type == 'number':
21          # 4.调用 random 模块的 choice()方法选择字符
22          code += random.choice(numbers)
23      elif code_type == 'lowercase':
24          # 5.如果字符类型要求为小写字母,则需要调用 lower()方法,将选取的大写
                字母转换为小写字母
25          code += random.choice(letters).lower()
26      else:
27          code += random.choice(letters)
28      return code
29
30  # 校验输入的校验码是否有效,参数为: 旧验证码, 验证码的有效长度
31  def is_valid(code, valid_len):
32      # 1.判断验证码长度是否有效
33      is_valid_len = len(code) == valid_len
34      # 2.如果不是有效长度,返回 False,结束函数
35      if not is_valid_len:
36          return False
37      # 3.否则判断验证码中的字符是否有效
38      else:
39          # 4.将所有可选集拼接成一个字符串
40          all_valid_chars = numbers + letters + letters.lower()
41          # 5.遍历验证码的每一位字符
42          for c in code:
43              #6.如果有任何一位字符不在有效字符集中,返回 False,结束函数
44              if c not in all_valid_chars:
45                  return False
46      # 7.如果都通过上述判断,则验证码有效,返回 True,结束函数
47      return True
```

(5) 使用不同的实际参数调用函数 is_valid()进行测试。

```
1   # 函数的调用
2   print(is_valid('RFTY666', 6))      # 校验失败, 位数不对
3   print(is_valid('RFTY6*6', 7))      # 校验失败, 字符包含了特殊字符
4   print(is_valid('RFTY666', 7))      # 校验成功
```

(6) 测试结果如图 6-5 所示。

```
Run:    valid_code ×

    D:\ProgramFiles\Anaconda3\python.exe D:/Python/project_6/common/valid_code.py
    False
    False
    True

    Process finished with exit code 0
```

图 6-5　程序运行结果

【任务评估】

本任务的任务评估表如表 6-2 所示，请根据学习实践情况进行评估。

表 6-2　自我评估与项目小组评价

任务名称					
小组编号		场地号		实施人员	
自我评估与同学互评					
序　号	评估项	分　值	评估内容		自我评价
1	任务完成情况	30	按时、按要求完成任务		
2	学习效果	20	学习效果符合学习要求		
3	笔记记录	20	记录规范、完整		
4	课堂纪律	15	遵守课堂纪律，无事故		
5	团队合作	15	服从组长安排，团队协作意识强		
自我评估小结					

任务小结与反思：通过完成上述任务，你学到了哪些知识或技能？

组长评价：

任务 6.3 优化验证码——函数的高级特性

优化验证码

【任务描述】

Python 的函数能够让程序更模块化、清晰化,在实际应用中必不可少。通过对前面知识点的学习,我们知道要创建一个包含参数和返回值的函数,至少需要两行代码,譬如一个加法计算器。那么对如此功能简单的函数是否可以缩减至一行呢？Python 为让程序更加简洁,提供了一些高级特性。本任务就是使用这些高级特性对已完成的 valid_code.py 文件进行优化。

【任务分析】

文件 valid_code.py 主要包括验证码生成函数和校验函数,语法上采用了选择结构和循环结构。要对这里面的代码进行优化,需要先知道 Python 提供了哪些高级特性。其实,Python 函数的高级特性主要体现在函数式编程上,就是用函数来表示程序,用函数的组合来表达程序组合的思维方式。主要内容有：定义简单的匿名函数；把函数本身作为参数,传递给其他高阶函数,如 filter()、map()等；函数的递归实现。接下来,我们需要掌握它们怎么用、用在哪里,以便更好地对文件代码进行优化。

【任务实施】

任务活动 6.3.1 匿名函数 lambda

递归与匿名函数　　匿名函数

Python 允许使用 lambda 关键字来创建匿名函数。顾名思义,匿名函数就是没有函数名称的函数。匿名函数与普通函数在使用上有什么不同呢？我们先来看看定义的简单函数 add(),具体见文件 demo6_1_9.py:

```
1    def add(x,y):
2        return x + y
3
4    print(add(3,4))
```

上面的代码定义了一个加法函数,通过函数名称进行调用。如果使用 lambda 语句来定义这个函数,就会变成这样：

```
>>> lambda x, y: x + y
<function <lambda> at 0x000001843D92F0D0>
```

就像三元操作符一样,匿名函数在很大程度上简化了函数的定义过程。基本语法是使用冒号(:)分隔函数的参数及返回值。冒号的左边放置函数的参数,如果有多个参数,使用逗号(,)分隔即可；冒号右边是函数的返回值。由此可以看出,lambda 只能创建比较简单的匿名函数,对于函数主体部分存在其他操作的情况,并不适用。

lambda 语句只有一行代码,没有函数名称,没有 def 和 return 关键字。通过其结果的打印,可以看出返回的是一个函数对象。如果要对它进行调用,可以将其赋值给一个变量,再通过变量名称对其进行调用。如文件 demo6_3_1.py 中的代码：

```
1    add = lambda x, y: x + y
2    print(add(3, 4))
```

这种方式不能体现 lambda 表达式的特色,这个变量名也不是 lambda 表达式真正的函数名。匿名函数使用最多的是作为参数与内置函数组合使用。具体使用方法参考过滤函数 filter() 和映射函数 map()。

任务活动 6.3.2　过滤函数 filter()

filter()函数是一个过滤器,可以对指定序列做过滤处理。简单来说,就是遍历序列中的每一项,查看其是否满足指定的条件,满足就通过,否则将其从序列中删除。filter()函数的语法格式如下:

```
filter(function_name, sequence)
```

filter()函数有两个参数。

1. function_name

该参数表示过滤规则,是必需的。它可以是一个函数名(包括匿名函数),也可以是 None。如果是一个函数名,则将序列中的每一个元素作为函数的参数进行运算,把返回 True 的值筛选出来;如果是 None,则直接将序列中为 True 的值筛选出来。注意,如果是返回值为 None 的函数,则表示序列中的每一项都不满足条件,返回空序列。

2. sequence

该参数表示需要过滤的序列,也是必需的。

下面使用 filter()函数编写一个筛选偶数的过滤器,见文件 demo6_3_2.py。

```
1    def is_even(x):
2        return x % 2 == 0
3
4    result = filter(is_even, range(12))
5    print(list(result))
```

这段代码中,filter()函数的第一个参数是一个自定义函数 is_even(),这个函数的作用是判断参数是不是偶数,如果是偶数,返回 True,否则返回 False。filter()函数的第二个参数是 range(12)生成的一个序列。因为 filter()函数的返回值是一个对象,所以需要转为 list 才能打印结果。最后输出结果为:

```
[0, 2, 4, 6, 8, 10]
```

结合前面学到的 lambda 表达式,也可以使用函数式编程来实现:

```
1    # 使用匿名函数实现
2    result = filter(lambda x: x % 2 == 0, range(12))
3    print(list(result))
```

任务活动 6.3.3　映射函数 map()

map()函数可以对多个序列中的每个元素执行相同的操作,并返回一个与输入序列长度相同的列表。返回列表中的每一个元素都是对输入序列中相应位置的元素进行转换的结果。map()函数的语法格式如下：

```
map(function_name, sequence[, sequence, ...])
```

其中，第一个参数 function_name 表示对序列中每个元素的操作方法，也是一个函数名(包括匿名函数)，但不能是 None；sequence 参数表示待处理的序列。

下面使用 map() 函数编写一个将列表中的数都扩大十倍的程序，具体见文件 demo6_3_3.py。

```
1   def grow_10(x):
2       return x * 10
3
4   result = map(grow_10, [3, 10, 7, 21, 90])
5   print(list(result))
```

同 filter()函数一样，map()函数返回的是一个对象，所以需要使用 list()函数进行结果转换，才能打印结果。最后输出结果为：

```
[30, 100, 70, 210, 900]
```

map()函数的第一个参数 function_name()函数接收多少个参数，sequence 就可以有多少个。这时就会从所有序列中依次取一个元素组成一个元组序列,传递给 function_name()函数。如果序列的长度不一致，则以较短的序列长度为迭代次数。以两个序列相加为例，使用 lambda 表达式实现，如下：

```
1   # 使用匿名函数实现多序列映射
2   result = map(lambda x, y: x + y, [3, 10, 7, 21, 90], [10, 31, 42])
3   print(list(result))
```

这段代码中，两个序列的长度一个是 5，一个是 3，所以最后运算到第三个元素就会结束，输出结果：

```
[13, 41, 49]
```

任务活动 6.3.4　函数递归

Python 函数有一个特性，就是在函数内部可以调用其他函数，包括自身。这种在函数内部调用自身的行为就叫作递归。

接下来，我们以一个简单的例子讲解递归到底怎么用，具体代码见文件 demo6_3_4.py。

```
1   def add_3(x):
2       y = x + 3
3       add_3(y)
4
5   add_3(1)
```

这段代码是实现 1+3+3+3+…的运算功能。第 2 行代码是将传入的参数加 3，并将结果赋值给 y；第 3 行代码是将叠加后的结果传入 add_3()函数，再进行加 3 操作。因为无限迭代，程序会陷入无限循环。不过 Python 3 添加了保护机制，对递归深度默认有限制，所以代码会停下来，最后显示结果如下：

```
D:\ProgramFiles\Anaconda3\python.exe D:/Python/chapter_6/demo6_3_4.py
Traceback (most recent call last):
  File "D:\Python\chapter_6\demo6_3_4.py", line 5, in <module>
    add_3(1)
  File "D:\Python\chapter_6\demo6_3_4.py", line 3, in add_3
    add_3(y)
  File "D:\Python\chapter_6\demo6_3_4.py", line 3, in add_3
    add_3(y)
  File "D:\Python\chapter_6\demo6_3_4.py", line 3, in add_3
    add_3(y)
  [Previous line repeated 996 more times]
RecursionError: maximum recursion depth exceeded
```

如果函数比较复杂，递归一次消耗的内存资源较多，程序可能还没有等到系统限制的迭代次数就处于崩溃状态了。这时可以通过使用 Ctrl+C 快捷键让 Python 强制停止。这样也体现了递归的威力之大，所以一定要慎重对待程序内部逻辑，避免无限迭代。针对上面的代码，如何修改才不会出现无限循环呢？这就需要增加一个判断机制，满足一定条件时，停止迭代。具体代码见文件 demo6_3_5.py：

```
1   def add_3(x):
2       y = x + 3
3       if y < 41:
4           return add_3(y)
5       else:
6           return y
7
8   print(add_3(1))
```

在代码中，增加了一个判断语句(if y<41)，表示如果叠加的和小于 41 则继续叠加；如果大于或等于 41 就停止，并返回叠加的结果。因为需要返回值，所以增加了 return 语句。最后输出结果为：

```
43
```

任务活动 6.3.5　实施步骤

通过对上述知识点的学习，我们知道了 Python 这些高级特性的用法以及用处，结合文件 valid_code.py 中的代码实现，下面对其中的 is_valid()函数进行优化。具体操作步骤如下。

(1)　打开项目 project_6，并打开文件 valid_code.py，如图 6-6 所示。

(2)　梳理 is_valid()函数的优化逻辑。

①　判断验证码长度是否等于有效长度，相等继续，不等结束。

②　将多个字符可选集拼接成一个整体的有效字符串。

③　使用过滤函数 filter()和匿名函数，从旧验证码中过滤出符合规范的字符集合。

④　判断符合规范的字符数量是否等于有效长度，并将结果返回。

```
valid_code.py ×
1    # encoding:utf-8                                    OFF
2    import random
3
4    # 可选数字
5    numbers = '0123456789'
6    # 可选字母
7    letters = 'ABCDEFGHIJKLMNOPQRSTUVWXYZ'
8    # 支持的字符类型：包括数字、小写字母、大写字母
9    code_types = ['number', 'lowercase', 'uppercase']
```

图 6-6   打开 valid_code.py 文件

(3) 优化后的 is_valid()函数代码如下。

```
1    # 校验输入的校验码是否有效,参数为：旧验证码，验证码的有效长度
2    def is_valid(code, valid_len):
3        # 1.判断验证码长度是否等于有效长度
4        if len(code) == valid_len:
5            # 2. 将所有可选集拼接成一个字符串
6            all_valid_chars = numbers + letters + letters.lower()
7            # 3. 获取符合规范的字符集合
8            valid_list = filter(lambda x: x in all_valid_chars, code)
9            # 4. 判断符合规范的字符数量是否等于有效长度
10           return len(list(valid_list)) == valid_len
11       #不符合长度要求时直接退出函数
12       else:
13           return False
```

(4) 使用不同的实际参数调用函数 is_valid()进行测试。

```
1    # 函数调用
2    print(is_valid('RFTY666', 6))
3    print(is_valid('RFTY6*6', 7))
4    print(is_valid('RFTY666', 7))
```

(5) 测试结果如图 6-7 所示，和任务 6.2 的执行结果一致，说明功能保持一致。

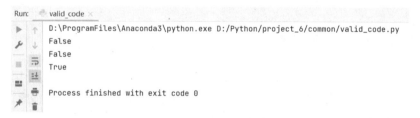

```
Run:    valid_code ×
    D:\ProgramFiles\Anaconda3\python.exe D:/Python/project_6/common/valid_code.py
    False
    False
    True

    Process finished with exit code 0
```

图 6-7   程序运行结果

174

【任务评估】

本任务的任务评估表如表 6-3 所示，请根据学习实践情况进行评估。

表 6-3　自我评估与项目小组评价

任务名称					
小组编号		场地号		实施人员	
自我评估与同学互评					
序　号	评　估　项	分　值	评　估　内　容		自我评价
1	任务完成情况	30	按时、按要求完成任务		
2	学习效果	20	学习效果符合学习要求		
3	笔记记录	20	记录规范、完整		
4	课堂纪律	15	遵守课堂纪律，无事故		
5	团队合作	15	服从组长安排，团队协作意识强		
自我评估小结					

任务小结与反思：通过完成上述任务，你学到了哪些知识或技能？

组长评价：

项目 6　验证码生成器——Python 函数与模块

任务 6.4　验证码生成器——模块

验证码生成器

【任务描述】

在前面任务中，已经完成了验证码的生成和校验功能，并且使用 Python 的高级特性对代码进行了优化，形成了一个功能完善的验证码生成器。验证码生成器用函数封装是为了方便其他业务模块使用，其他业务模块应该如何使用呢？这便是本任务要介绍的。

【任务分析】

Python 程序由一个个模块组成，模块是 Python 的一个重要概念。其实，一个 Python 文件就是一个模块。所以要使用验证码生成器需要先知道程序文件叫什么名字，存放在哪里，如何进行调用。这些都属于模块的相关知识点，大家试试从这些知识点中能否找到使用验证码生成器的方法。

【任务实施】

任务活动 6.4.1　模块的创建

模块使用　　模块基础

模块就是把一组相关的函数或代码组织到一个文件中，即一个文件就是一个模块。模块就是我们用来保存代码、以.py 结尾的文件。模块是由代码、函数和类组成的，其中函数和类可以有 0 个或者多个。经过前面的学习，大家已经能够将 Python 代码写到一个文件中，但随着程序功能的复杂，为了便于维护，通常会将其分为多个文件(模块)，这样不仅可以提高代码的可维护性，还可以提高代码的可重用性。

举一个简单例子，在代码编辑器中新建一个叫 my_first_module.py 的文件，即定义了一个名称为 my_first_module 的模块，代码如下：

```
1    # encoding:utf-8
2    # 自定义模块
3    def my_function():
4        print("这是我第一个模块里面的函数")
5
6    if __name__=="__main__":
7        my_function()
```

在这个模块中，只定义了一个函数 my_function()，负责打印提示信息。因为打印的信息是中文的，所以需要在文件头部添加 encoding:utf-8 注释，表示文件以 utf-8 格式编码。模块可以被其他模块调用，也可以单独运行，为避免混淆，Python 增加了区分方式。如果是单独运行，模块的名称(__name__)就为__main__;如果是被其他模块调用，就为文件名(如my_first_module)。所以要将仅单独运行时需执行的代码放在 if __name__ == "__main__" 语句中。运行这个模块，输出结果为：

这是我第一个模块里面的函数

当把这个文件保存起来的时候，它就是一个独立的 Python 模块。那模块如何使用呢？

这就需要在其他文件中导入模块。

任务活动 6.4.2 模块的导入

模块的导入需要使用 import 语句，模块导入的格式如下：

```
import module_name
```

该条语句可以直接导入一个模块。调用模块中已经定义的函数或类，需要以模块名作为前缀。语法格式如下：

```
module_name.function_name
```

虽然每次使用模块中的函数时，都需要加上模块名，操作上比较麻烦，但是可以保证代码的可读性，可以很好应对模块函数名重复的情况。为了更方便编写代码，也可以在 import 语句后用 as 对模块重命名，后续可直接使用新名字调用模块内的函数或类。如 Python 中的 numpy 模块常被重命名为 np，见文件 demo6_4_1.py。

```
1    # 导入模块并重命名
2    import numpy as np
3    np.array([1, 2, 3])
```

如果仍然觉得加模块名作为前缀比较麻烦，在没有相同函数名的前提下，Python 还支持直接导入模块中的函数或类，使用函数名或类名调用。具体格式如下：

```
from module_name import function_name
function_name()
```

如果需要导入一个模块下的所有函数和类，可以使用如下语句：

```
from module_name import *
```

此外，一个 Python 文件中支持多条 import 语句，即支持导入多个其他模块。而且 Python 的 import 语句很灵活，可以放置于程序中的任意位置，但是建议放置于文件的顶部，方便维护。

现在我们使用 import 语句导入 my_first_module 模块。

首先，我们在 my_first_module.py 文件所在的目录下新建一个叫 call_module.py 的文件，并在该文件中调用 my_first_module 模块中的函数，代码如下：

```
1    # 调用自定义模块的函数
2    import my_first_module
3
4    my_first_module.my_function()
```

最后输出结果：

```
这是我第一个模块里面的函数
```

任务活动 6.4.3 模块的存放位置

现在我们已经知道使用 import 语句可以将模块导入，但是不一定在 import 后面直接写

模块名,这与被调用模块和调用模块之间的位置关系有关。比
如在 my_first_module.py 文件所在的目录下新建一个文件夹
new_module,然后将 my_first_module.py 文件移动到该文件夹
中,最后的目录结构如图 6-8 所示。

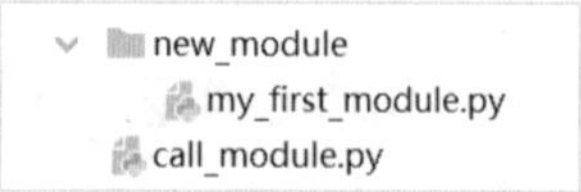

此时运行 call_module.py 文件,输出结果为:

图 6-8 文件目录结构

```
D:\ProgramFiles\Anaconda3\python.exe D:/Python/chapter_6/call_module.py
Traceback (most recent call last):
  File "D:\Python\chapter_6\call_module.py", line 1, in <module>
    import my_first_module
ModuleNotFoundError: No module named 'my_first_module'
```

通过报错信息可以看出,Python 没有找到模块名为 my_first_module 的文件。这是为什么
呢?首先我们要明白 Python 模块的导入是一个路径搜索的过程,它会从一组目录中依次寻找
需要导入的模块文件。这些目录可以通过 sys 模块中的 path 变量显示出来(不同机器上显示的
路径信息可能不一样),主要是 Python 的安装目录、运行目录及代码运行的当前目录。

```
>>> import sys
>>> sys.path
['',                             'D:\\ProgramFiles\\Anaconda3\\python39.zip',
'D:\\ProgramFiles\\Anaconda3\\DLLs', 'D:\\ProgramFiles\\Anaconda3\\lib',
'D:\\ProgramFiles\\Anaconda3',
'D:\\ProgramFiles\\Anaconda3\\Lib\\site-packages',
'D:\\ProgramFiles\\Anaconda3\\Lib\\site-packages\\win32',
'D:\\ProgramFiles\\Anaconda3\\Lib\\site-packages\\win32\\lib',
'D:\\ProgramFiles\\Anaconda3\\Lib\\site-packages\\Pythonwin']
```

系统模块和下载的模块都在 Python 的安装目录下,所以直接导入模块名就可以使用。
但是自定义的模块,一般与调用模块在同一个项目文件夹内,这时候就需要带上路径导入
模块。

路径其实就是文件夹名组成的字符串。在 Python 中,这个存有模块的文件夹叫作包,
文件夹名叫作包名。为标识是包的文件夹,可以在文件夹中创建一个名为__init__.py 的模块
文件,内容可以为空(Python 3.x 不做强制要求)。

现在我们来解决上述问题。因为 my_first_module.py 文件移动到了文件夹 new_module
中,所以在模块导入时,需要加入包名 new_module,指明模块位置。修改 call_module.py
文件中的代码如下:

```
1    # 通过包名导入模块
2    import new_module.my_first_module as mfm
3    mfm.my_function()
```

在这段代码中,包名 new_module 直接添加在了 import 语句中,使用点(.)运算符拼接路
径。因为是拼接的路径,所以不能直接拿来调用,需要用 as 对其重命名,再用新名字进行
函数调用。

除此之外,还可以使用 from…import…来实现将包中的模块导入:

```
1    # 通过包名导入模块
2    from new_module import my_first_module as mfm
```

```
3   mfm.my_function()
```

最后输出结果为：

这是我第一个模块里面的函数

任务活动 6.4.4　实施步骤

通过对上述知识点的学习，我们已经知道了模块的创建和模块的导入方法。在前面的任务中，已经完成了验证码生成器的基本功能：生成验证码和验证码有效性校验，并将相关代码存放在 valid_code.py 文件中。为方便其他业务模块的使用，我们将对该文件的存放位置进行管理，然后实现对该模块的调用。具体操作步骤如下。

(1)　打开项目 project_6，在项目中新建三个子文件夹(Python 包)：common 存放公共模块；module_1 存放业务模块 1 的代码；module_2 存放业务模块 2 的代码。然后将 valid_code.py 文件移动到 common 文件夹中，最终项目文件目录结构如图 6-9 所示。

(2)　在 module_1 文件夹中新建一个 get_valid_code.py 文件，如图 6-10 所示。

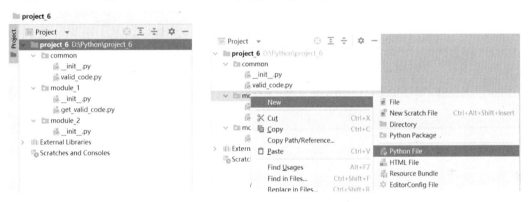

图 6-9　项目文件目录　　　　　　　　图 6-10　新建文件 get_valid_code.py

(3)　在文件中使用 import 语句导入 valid_code.py 模块，同时调用 generator()函数生成随机验证码，具体代码如下。

```
1   from common import valid_code
2   code = valid_code.generator(6)
3   print(code)
```

(4)　运行 get_valid_code.py 文件，测试能否正确输出验证码，结果如图 6-11 所示。

图 6-11　程序运行结果

【任务评估】

本任务的任务评估表如表 6-4 所示，请根据学习实践情况进行评估。

表 6-4　自我评估与项目小组评价

任务名称					
小组编号		场地号		实施人员	
自我评估与同学互评					
序　号	评　估　项	分　值	评估内容		自我评价
1	任务完成情况	30	按时、按要求完成任务		
2	学习效果	20	学习效果符合学习要求		
3	笔记记录	20	记录规范、完整		
4	课堂纪律	15	遵守课堂纪律，无事故		
5	团队合作	15	服从组长安排，团队协作意识强		
自我评估小结					

任务小结与反思：通过完成上述任务，你学到了哪些知识或技能？

组长评价：

项 目 总 结

【项目实施小结】

大家初写代码时都是文档流的形式，即从上到下编写算法实现功能。然后，随着功能的不断增加，代码重复率越来越高，代码结构也显得越发臃肿。这时就出现了函数。函数能将代码块与主程序分离，让主程序的可读性更高。再进一步，将函数存储在独立的文件中形成模块，可隐藏程序代码的细节，将重点放在程序的高层逻辑上。这能够让函数在众多不同的程序中得到重用。同时将程序存储在模块中，可与其他程序员共享这个文件而不是整个程序。其他程序员只需要知道文件的接口和调用方法即能使用其中的函数，而不需要去知悉内部逻辑，这样能有效帮助协作开发团队降低时间成本和提升效率。这一步步的升级和改变，是代码发展的过程，也是大家学习工作的过程。任何时候都是从不懂到懂，然后逐步提炼精华，优化强大。Python 的使用率越来越高，一部分原因就是开源模块的丰富，很多程序爱好者乐于提供一些优秀的模块供大家学习和使用。程序设计和程序开发不是一个人的战斗，需要团队的协作。所以大家在项目开发的过程中要团队协作、分享，对于自己的代码要精益求精，不断优化升级。

下面请读者根据项目所学内容，从本项目实施过程中遇到的问题、解决办法以及收获和体会等各方面进行认真总结，并形成总结报告。

【举一反三能力】

1. 通过查阅资料，了解还有哪些 Python 内置函数是以函数为参数的，使用场景和方法是怎样的。

2. 通过查阅资料和代码实践，分析哪些情况下可以用 as 对模块进行重命名。

3. 通过查阅并收集资料，了解现有哪些 Python 模块与本专业有关系，功能是什么。

【对接产业技能】

1. 正确使用函数和模块对代码进行优化，实现函数式编程和功能模块化。

2. 理解程序开发过程中团队协作的重要性。

3. 掌握分析问题的逻辑思维能力，能够将问题解决思路转换为程序算法，完成功能模块的开发和测试。

项目拓展训练

【基本技能训练】

通过项目学习，回答以下问题。

1. 函数定义的语法是什么？

2. return 语句的用途是什么？

3. 局部变量和全局变量的区别是什么？

4. Python 程序中有多少全局作用域？有多少局部作用域？

5. 如果函数没有返回语句，函数调用的返回值是什么？

6. from pandas import * 语句的作用是什么？

7. map()函数的用途是什么？

8. 现有一个学生成绩列表，请筛选出至少两门课程成绩合格的学生。

9. 函数间的变量能够相互使用吗？

10. lambda 的语法是什么？

【综合技能训练】

根据项目学习、生活观察和资料收集，实现一个学生成绩统计模块，包括需求分析、函数/模块设计、代码实现和功能测试。

项 目 评 价

【评价方法】

对本项目学习的评价采用自我评价、小组评价、教师评价相结合的评价方式，分别从项目实施、核心任务完成、拓展训练三个方面进行。

【评价指标】

本项目的评价指标体系如表 6-5 所示，请根据学习实践情况进行打分。

表 6-5　项目评价表

项目名称			项目承接人		小组编号	
Python 函数与模块						
项目开始时间		项目结束时间	小组成员			
评价指标			分值	评价细则	自我评价	小组评价	教师评价

评价指标			分值	评价细则	自我评价	小组评价	教师评价
项目实施情况(20 分)	纪律情况(5 分)	项目实施准备	1	准备书、本、笔、设备等			
		积极思考回答问题	2	视情况评分			
		跟随教师进度	2	视情况评分			
		违反课堂纪律	0	此为否定项，如有违反，根据情况直接在总得分基础上扣 0～5 分			
	考勤(5 分)	迟到、早退	5	迟到、早退者，每项扣 2.5 分			
		缺勤	0	此为否定项，如有违反，根据情况直接在总得分基础上扣 0～5 分			

评价指标			分值	评价细则	自我评价	小组评价	教师评价
项目实施情况(20 分)	职业道德(5 分)	遵守规范	3	根据实际情况评分			
		认真钻研	2	依据实施情况及思考情况评分			
	职业能力(5 分)	总结能力	3	按总结的全面性、条理性进行评分			
		举一反三能力	2	根据实际情况评分			
核心任务完成情况(60 分)	Python 函数与模块(40 分)	函数	5	掌握函数的定义和调用方法			
			4	能设计函数的参数数量和形式			
			4	能使用 return 语句返回函数值			
		变量作用域范围	3	能区分局部作用域和全局作用域			
			5	能区分局部变量和全局变量			
			2	能使用 global 语句			
		函数的高级特性	4	掌握匿名函数 lambda			
			3	能使用过滤函数和映射函数			
			2	理解函数递归思维			
		模块	5	掌握模块的创建和导入方法			
			3	理解模块存放位置和导入关系			
	综合素养(20 分)	语言表达	5	互动、讨论、总结过程中的表达能力			
		问题分析	5	问题分析情况			
		团队协作	5	实施过程中的团队协作情况			
		工匠精神	5	敬业、精益、专注、创新等			
拓展训练情况(20 分)	基本技能和综合技能(20 分)	基本技能训练	10	基本技能训练情况			
		综合技能训练	10	综合技能训练情况			
总分							
综合得分(自我评价 20%，小组评价 30%，教师评价 50%)							
组长签字：				教师签字：			

项目 7
学生成绩管理系统——Python 面向对象编程

案例导入

在前面的项目中,我们学习了如何使用函数将程序进行模块化,实现程序功能的拆分和组装。这种以问题解决思路为逻辑、以函数为主要编码方式的程序设计一般叫作面向过程编程。面向过程编程就好比设计一条流水线,要明确知道什么时候处理什么问题,程序可以看作不同函数之间的相互调用。采用面向过程编程实现任何程序都是完全可能的,尤其是对代码规模非常小的程序(如最多 500 行),更能体现 Python 语言的简单有效。但是,当程序规模变大时,用面向过程编程就不容易拓展、复用及维护。这时就出现了面向对象编程,尤其是对中等规模或大规模的程序,能充分体现其可读性、可重复使用性及可扩展性等优势。

某学校的学生成绩管理系统采用的是面向过程编程思维,随着学校系统的功能不断复杂,学生数量、专业数量不断增长,系统变得臃肿,可扩展性和可复用性受到限制。学校信息中心计划采用面向对象编程思维对该系统进行改造。请大家使用 Python 中的面向对象编程思维完成此次改造。

任务导航

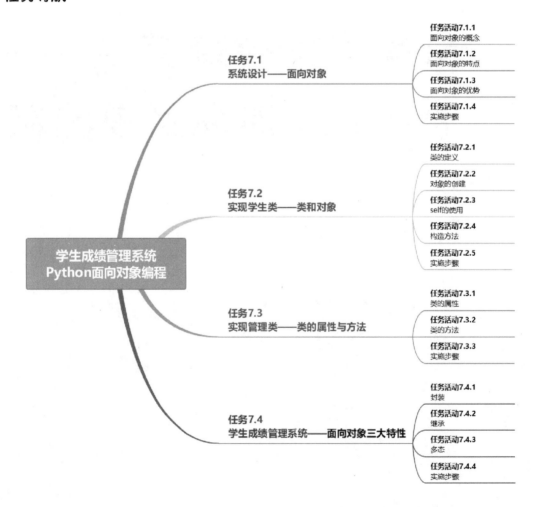

学习目标

知识目标

1. 了解面向过程编程与面向对象编程的区别。
2. 理解面向对象编程的概念和优势。
3. 掌握 Python 类的定义。
4. 掌握 Python 对象的创建。
5. 掌握 Python 类属性的种类。
6. 掌握 Python 类方法的使用。
7. 掌握 Python 对象继承的思想。

技能目标

1. 具备使用面向对象思维设计程序的能力。
2. 具备从问题中抽象出对象的能力。
3. 能够使用类封装对象属性和方法。
4. 能够使用 Python 类及对象编写程序。
5. 能够区分并使用不同类型的 Python 类属性和类方法。
6. 具备使用 Python 类继承方法实现程序复用的能力。

素养目标

1. 培养学生问题解决、代码实现的逻辑思维能力。
2. 培养学生遵守规则、注重代码规范的职业素养。
3. 培养学生具备自我批评、诚实、守信的学习态度。
4. 培养学生具备团队协作、互帮互助的团队精神。
5. 培养学生关注细节、精益求精、创新的工匠精神。
6. 培养学生善于总结、反思并提升工作效率的职业素养。

任务 7.1　系统设计——面向对象

系统设计

【任务描述】

任何信息系统的实现都需要先经过程序设计，而面向对象程序设计就是采用面向对象的思维来分析和设计系统功能。经过对学校原系统的分析，学生成绩管理系统的主要功能有以下几点。

(1) 录入学生信息，包括学生的学号、姓名、班级、各科成绩等。
(2) 删除学生信息，根据学生学号删除学生信息。
(3) 修改学生信息，根据学生学号修改学生信息。
(4) 查找学生信息，包括根据学号和姓名两种方式查找学生信息。
(5) 重新排列学生信息，包括根据学号升序和总分降序排列。
(6) 统计学生人数。
(7) 显示所有学生信息。
(8) 退出系统。

接下来，请大家基于这些功能需求，使用面向对象编程思维对系统功能进行抽象，分析系统包括几个对象，以及每个对象的具体内容，最终在文档中绘制出来。

【任务分析】

学生成绩管理系统是一个管理学生信息和学生成绩的系统，如果按照面向过程编程方法，只需要明确主要流程即可。但现在任务的重点是使用面向对象编程思维来实现，那首先得明确什么是面向对象。面向对象其实只是一种封装代码的方法，它的核心是将系统功能转化为对象之间的交互，以更好地模拟真实世界的事物。在 Python 中，有"一切皆对象"的说法。那接下来，我们需要明白什么是对象，在 Python 语言中与对象相关的概念主要有哪些，以及面向对象的优势是什么。基于这些对象特征，再从系统功能出发，梳理出学生成绩管理系统所涵盖的主要对象，以及对应的属性和方法。

【任务实施】

任务活动 7.1.1　面向对象的概念

面向对象编程

要使用 Python 进行面向对象编程，首先需要对以下基本概念有所了解。

1. 对象

什么是对象(object)?在现实生活中充满了形形色色的物体，每个物体都可视为一个对象。例如正在阅读的书是一个对象，书上的笔也是一个对象。任何面向对象程序设计语言中，最基本的单元就是对象。面向对象程序设计模式就是将问题实体分解成一个或多个对象，再根据需求加以组合，这些对象都各自拥有状态(或称为属性)和行为(或称为方法)。状态代表了对象所属的特征，行为则代表对象所具有的功能。用户可根据对象的使用方法来操作对象，进而获取或改变对象的状态数据或信息。

举例来说，人就是真实世界的一个对象。生活中，我们可以使用姓名、年龄、身高、眼睛大小、头发长短等描述一个人的外在特征，也可以使用唱歌、跳舞、打篮球等描述他的行为。从对象的观点来看，这些特征就是对象"人"的属性，这些行为就是对象"人"的方法。

2. 类

类(class)是具有相同属性和相同行为的对象集合，是对一组对象的共同特征进行描述或抽象化的结果。例如，人类就是对象"人"的集合，他们都具有姓名、出生日期、身高、体重、性别等属性，这也称为类的属性。同样对象"人"所共有的方法，如说话、走路、跑步等，也称为类的方法。

在程序设计语言中，类实际上就是一种数据类型，一个类所包含的属性和方法用于描述一组对象的共同属性和行为。类的属性可以用数据结构来描述；类的方法可以用操作名或实现该操作的方法来描述。属性和方法统称为类的成员。类是对象的抽象化，对象则是类的具体化，也称为类的实例。从一个类可以创建多个对象。

3. 属性

属性(attribute)用来描述对象的基本特征及其所属的性质，例如一个人的属性可能包括姓名、年龄、性别、出生日期等。在程序语言中，属性使用变量来表示。

4. 方法

方法(method)用来描述对象的动作与行为，例如一个人的方法可以是说话、走路、跳舞等。在程序语言中，方法就是可以对对象做的操作，是一些代码块，可以调用这些代码块来实现某个功能。简单来说，方法就是包含在对象中的函数。

任务活动 7.1.2 面向对象的特点

面向对象编程是一种以对象为基础，以事件或消息来驱动对象执行处理的程序设计方法。面向对象编程的主要特点是具有封装性、继承性和多态性。

1. 封装

封装是指将对象的属性和方法结合起来，形成一个有机的整体。其内部信息对外界是隐藏的，外界不能直接访问对象的属性，只能通过对外部开放的接口操作该对象，以此保证程序中数据的安全性。类是实施数据封装的工具；对象则是封装的具体实现，是封装的基本单位。

2. 继承

继承是面向对象程序设计语言所具有的强大功能，因为它允许程序代码的重复使用。继承类似现实生活中的遗传，允许在一个类的基础上定义一个新的类,原有的类称为父类(或基类、超类)，新生成的类称为子类(或派生类)。子类可以继承父类的所有属性和方法，也可以对这些方法进行重写和覆盖，还可以新增一些属性和方法，以扩展父类的功能。

3. 多态

多态按字面的意思就是多种状态，指一个名称相同的方法可以产生不同的动作行为，即不同对象在执行同名方法时，会根据类型的不同表现出不同的行为。例如，程序员和教师都是人类衍生出的对象，他们都有工作这个方法，但是工作内容有所不同，程序员的主要工作是开发软件，教师的主要工作是教书育人。多态的实现主要依赖于继承，可以通过覆盖和重载两种方式来实现。覆盖是指在子类中重新定义父类的方法，重载则是指允许存在多个同名函数，而这些函数的参数列表有所不同。

任务活动 7.1.3 面向对象的优势

在程序设计领域，存在着两种不同的程序设计方式，即面向过程编程和面向对象编程。面向过程编程就是通过算法分析列出解决问题所需要的操作步骤，将程序划分为若干个功能模块，然后通过函数来实现这些功能模块，在解决问题的过程中根据需要调用相关函数；面向对象编程则是将构成问题的事务分解成各个对象，根据对象的属性和方法抽象出类的定义，并基于类创建对象，其目的并不是完成一个步骤，而是为了描述某个事务在整个问题解决过程中的行为。

相比于面向过程编程，面向对象编程的优势主要表现在以下几个方面。

(1) 面向过程编程方法是通过函数来实现对数据的操作，但又将函数与其操作的数据分离开来；面向对象编程方法将数据和对数据的操作封装在一起，作为一个对象整体来处理，更具模块化。

(2) 面向过程编程方法是以功能为中心来设计功能模块，程序难以维护；面向对象编程方法以数据为中心来描述系统，数据相对于功能而言具有较强的稳定性，因此程序更容易维护。

(3) 面向过程程序的控制流程由程序中预定顺序来决定；面向对象程序的控制流程由运行时各种事件的实际发生来触发，而不再由预定顺序来决定，因此更符合实际需要。

在实际应用中，应根据具体情况来选择使用哪种程序设计方法。例如，要开发一个小型应用程序，代码量比较小，开发周期短，在这种情况下使用面向过程编程方法就是一个不错的选择。此时如果使用面向对象编程方法，反而会增加代码量，降低工作效率。要开发一个大型应用程序，使用面向对象编程方法会更好一些。

任务活动 7.1.4　实施步骤

从学生成绩管理系统的基本功能出发，结合面向对象编程的特点和优势，对系统对象做如下设计。

(1) 从功能上看，系统的核心是学生信息，所以学生是系统的基础对象。属性主要有：学号、姓名、班级、语文成绩、数学成绩、英语成绩；方法主要有：显示基本信息(即将基本信息拼接成字符串)、计算总成绩。结构如图 7-1 所示。

(2) 系统操作的对象是学生列表，所以需要一个学生管理类，用以实现对学生列表的维护。属性主要有：学生列表；方法主要有：添加学生信息、删除学生信息、修改学生信息、查找学生信息、显示全部学生信息、对学生信息进行排序、统计学生人数。结构如图 7-2 所示。

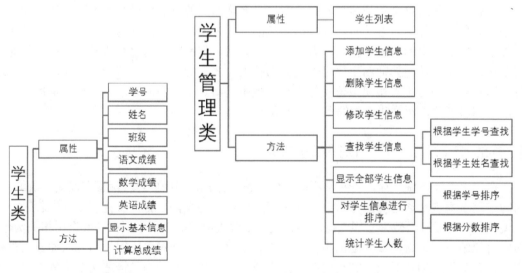

图 7-1　学生类结构　　　　　　　　图 7-2　学生管理类结构

【任务评估】

本任务的任务评估表如表 7-1 所示，请根据学习实践情况进行评估。

表 7-1　自我评估与项目小组评价

任务名称					
小组编号		场地号		实施人员	
自我评估与同学互评					
序　号	评 估 项	分　值	评估内容		自我评价
1	任务完成情况	30	按时、按要求完成任务		
2	学习效果	20	学习效果符合学习要求		
3	笔记记录	20	记录规范、完整		
4	课堂纪律	15	遵守课堂纪律，无事故		
5	团队合作	15	服从组长安排，团队协作意识强		
自我评估小结					
任务小结与反思：通过完成上述任务，你学到了哪些知识或技能？ 组长评价：					

任务 7.2　实现学生类——类和对象

实现学生类

【任务描述】

从学生成绩管理系统的初步设计结果可以知道，本系统主要包括学生类和学生管理类两个对象。系统主要是用于管理学生基本信息和成绩信息的，所以学生类是系统功能实现的基础。接下来请使用 Python 语言完成"学生类"的编程实现。

【任务分析】

根据图 7-1 所示的学生类结构，可以明确知道学生类所拥有的属性和方法。虽然类、对象、属性和方法都是面向对象编程的基本概念，但是要转化为程序，需要知道它的语法和相关规则。所以我们需要先了解如何使用 Python 语言进行类的定义、对象的创建，以及类属性和方法的具体实现，然后基于学生类属性和方法的设计结构，结合系统功能需求，完成"学生类"的编码。

【任务实施】

任务活动 7.2.1　类的定义

类的定义

与函数的定义相似，类的定义也需要使用关键字声明，该关键字为 class。Python 类定义的语法格式如下：

```
class 类名:
    # 定义属性
    # 定义方法
```

其中，类名表示所要创建类的名称，必须遵守标识符的命名规范，通常采用首字母大写的驼峰形式。类名后跟冒号(:)产生程序区块，该程序块又称为类体。类体用于定义类的所有细节，包括定义属性和定义方法。

在语义上，类中定义的属性主要用于描述对象的状态和特征，定义的方法用于实现对象的行为和操作。在语法上，定义方法与定义函数一样，必须使用 def 语句，而定义属性与创建变量一样，通过变量赋值实现。下面我们通过一个例子来说明，代码具体见文件 demo7_2_1.py。

```
1   class Student:
2       name = "小张"    #定义属性 name
3       age = "18"       #定义属性 age
4
5       def get_name(self):     #定义方法 get_name
6           print("这个学生的名字是小张。")
7
8       def get_age(self):      #定义方法 get_age
9           print("这个学生的年龄为 18 岁。")
```

在上述代码中，我们定义了一个名称为 Student 的类，由于每个人都有不同姓名和年龄等，故在 Student 类中定义了两个属性：name 和 age，以及两个方法：get_name()和 get_age()。需要注意的是，在类的方法中至少需要一个参数 self，否则程序运行会出现错误。有关 self 参数的知识，在任务活动 7.2.3 中会详细介绍。

类体中也可以只包含一个 pass 语句，此时将定义一个空类，例如，我们可以在文件 demo7_2_1.py 中通过以下代码定义一个什么都不做的 Nothing 类。

```
1    # 定义一个空类
2    class Nothing:
3        pass
```

任务活动 7.2.2　对象的创建

在 Python 中，一切皆对象。定义类时系统会自动创建一个新的自定义类型对象，简称类对象，类名就指向类对象。但是我们常说的对象主要是指类的实例化对象。类是对象的模板，对象是类的实例。定义类之后，可以通过赋值语句来创建类的实例对象，其语法格式如下：

```
对象名 = 类名(参数列表)
```

创建对象之后，该对象就拥有类中定义的所有属性和方法，此时可以通过对象名和圆点运算符(.)来访问这些属性和方法，其语法格式如下：

```
对象名.属性名
对象名.方法名(参数)
```

以文件 demo7_2_1.py 中的 Student 类为例，可以通过以下代码对 Student 类实例化，创建 student 对象，并调用 Student 类中的方法。

```
1    student = Student()
2    student.get_name()
3    student.get_age()
```

在这段代码中，通过语句 Student()将 Student 类实例化为一个名称为 student 的对象，之后使用 student.的方式调用该类中的方法。最后执行结果如下：

```
这个学生的名字是小张。
这个学生的年龄为 18 岁。
```

任务活动 7.2.3　self 的使用

在上述 Student 类中定义方法时，至少需要一个参数，习惯上使用关键字 self。但是在使用其对象 student 调用该方法时，不传入参数也可以正常运行。这是为什么呢？这是因为对象在调用类的方法时，将自己作为一个参数传入方法，self 表示的就是对象实例自身。这是一个相当重要的特性，和其他程序设计语言有所不同。self 类似于其他语言中的 this，指向对象本身，在定义类的实例方法中都必须声明它。另外，self 还可以创建实例属性，用于记录对象实例在其生命周期内的属性状态。实例方法和实例属性相关内容会在任务 7.3 中详细介绍。

任务活动 7.2.4　构造方法

从创建对象的语法可以知道，对象实例化时可以传入参数，而类中的方法是通过调用实现的，那这些参数作用到哪里去呢？其实这些参数会传到类的构造方法中。当定义一个类时，系统会自动为类添加一个构造方法，默认构造方法是空的，但是它支持重载，即根据需要重新编写构造方法。构造方法会在创建新对象时自动调用，在程序中起初始化对象的作用。

构造方法的创建与其他方法相似，只是方法名固定为__init__，要注意名称开头和末尾都是两个下划线(__)。Python 中有很多以双下划线开头和结尾的方法，这种方法都具有特殊的意义，后续会一一为大家讲解。另外，构造方法支持多个参数，但是第一个参数必须为实例对象自身，常用关键字 self 表示。

下面在文件 demo7_2_2.py 中重新定义 Student 类，演示__init__()的用法，代码如下：

```
1   class Student:
2       def __init__(self, name, age):
3           self.name = name
4           self.age = age
5           print("这是在__init__()方法中。")
6
7       def get_name(self):  # 定义方法 get_name
8           print(f"这个学生的名字是{self.name}。")
9
10      def get_age(self):  # 定义方法 get_age
11          print(f"这个学生的年龄为{self.age}岁。")
12
13  if __name__ == '__main__':
14      student = Student('小张', '18')
15      student.get_name()
16      student.get_age()
```

在上述代码中，定义类时重载了__init__()方法，并且定义了三个参数，分别是 self、name 和 age，接着在方法内部给对象 self 创建了两个属性 name 和 age，并进行了相应的参数赋值。在类的外部，通过类名实例化对象 student 时传入了两个参数'小张'和'18'。执行代码，输出结果为：

```
这是在__init__()方法中。
这个学生的名字是小张。
这个学生的年龄为18岁。
```

从结果中可以看出，虽然没有调用__init__()方法，但是该方法在对象实例化时会自动执行。这是因为创建实例对象时，Python 会自动调用构造方法，并且把类名后的参数传递给它。在构造方法中完成对象 self 的属性设置后，对象 student 就能在调用实例方法 get_name()和 get_age()时，通过对象自身 self 拿到属性值，实现信息的打印显示。

任务活动 7.2.5　实施步骤

下面使用 Python 中的类实现学生成绩管理系统中的"学生类"。

操作步骤如下。

(1) 选择 File｜New Project 命令，新建一个项目 project_7，如图 7-3 所示。

图 7-3　新建项目 project_7

(2) 在新建的项目 project_7 上右击，选择 New｜Python File 命令，如图 7-4 所示，新建一个 Python 文件，命名为 student.py。

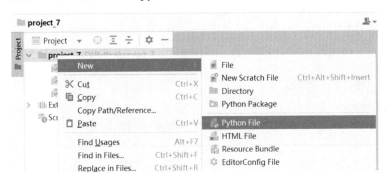

图 7-4　新建文件 student.py

(3) 在文件 student.py 中定义一个新类 Student，用于封装学生对象。同时根据图 7-1 的学生类结构，编写类的属性和方法，具体代码如下。

```python
1    # encoding:utf-8
2
3    class Student:
4        def __init__(self, sid, name, cls, chinese, math, english):
5            self.sid = sid
6            self.name = name
7            self.cls = cls
8            self.chinese = chinese
9            self.math = math
10           self.english = english
11
12       def __str__(self):
13           msg = f"学号:{self.sid}\t 姓名: {self.name}\t 班级: {self.cls}\t 语
文:{self.chinese}\t 数学: {self.math}\t 英语: {self.english}"
14           return msg
15
16       def get_total_score(self):
```

```
17          total = self.chinese + self.math + self.english
18          return total
19
20  if __name__ == "__main__":
21      stu = Student("001", "张三", "高三二班", 90, 80, 90)
22      print(stu.name)
```

(4) 上述代码的 main 分支中已包含类的实例化测试，执行文件，输出结果如图 7-5 所示。

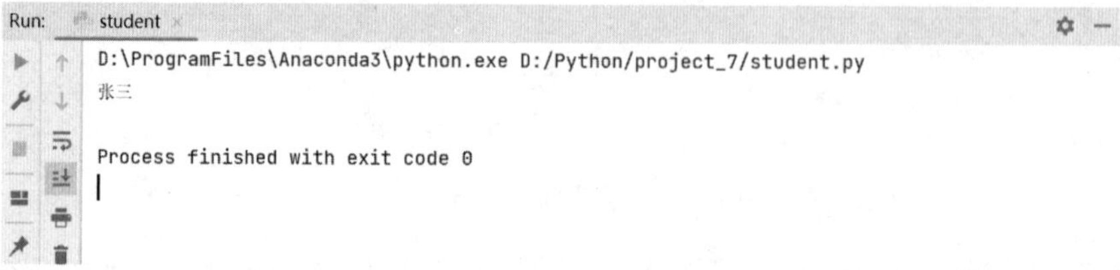

Run: student ×

D:\ProgramFiles\Anaconda3\python.exe D:/Python/project_7/student.py
张三

Process finished with exit code 0

图 7-5　程序运行结果

【任务评估】

本任务的任务评估表如表 7-2 所示，请根据学习实践情况进行评估。

表 7-2　自我评估与项目小组评价

任务名称					
小组编号		场地号		实施人员	
自我评估与同学互评					
序　号	评 估 项	分　值	评估内容		自我评价
1	任务完成情况	30	按时、按要求完成任务		
2	学习效果	20	学习效果符合学习要求		
3	笔记记录	20	记录规范、完整		
4	课堂纪律	15	遵守课堂纪律，无事故		
5	团队合作	15	服从组长安排，团队协作意识强		
自我评估小结					

任务小结与反思：通过完成上述任务，你学到了哪些知识或技能？

组长评价：

任务 7.3　实现管理类——类的属性与方法

实现管理类

【任务描述】

类的属性和方法是类的主要结构成员。类的属性用于描述对象的状态和特征，类的方法用于实现对象的行为和操作。学生成绩管理系统主要包括学生类和学生管理类，目前已经根据类的定义实现了学生类，接下来请根据 Python 中类的属性与方法的相关定义实现"学生管理类"。

【任务分析】

学生管理类主要是用于管理学生列表，即操作的基本数据对象是学生类。从图 7-2 所示的学生管理类结构可以看出，类中包含很多方法。根据学生成绩管理系统的功能需求可以知道，这些方法大部分是提供给外部使用的，如学生信息的增删改查，也有一些方法是只用于内部的，如根据学生学号查找、根据学生姓名查找。所以类方法得有类型的区分，以防止外部访问到内部私有的方法。接下来，我们需要了解在 Python 类中是如何对属性和方法进行分类的，以及私有类型和公有类型的属性和方法是如何定义和访问控制的，最后根据 Python 类的相关语法实现学生管理类。

【任务实施】

任务活动 7.3.1　类的属性

在类中定义的变量成员就是属性。属性的分类方法主要有两种，其中按所属的对象可以分为类属性和实例属性，按能否在类外部访问可以分为公有属性和私有属性。接下来，我们来学习如何创建和使用它们。

1. 类属性和实例属性

类属性就是类对象所拥有的属性，属于该类的所有实例对象；实例属性是该类的实例对象所拥有的属性，属于该类的某个特定实例对象。对于属性的创建，既可以在类定义的类体中完成，也可以在类定义的外部实现。

在定义类时，可以在类的所有方法之外定义成员变量来创建类属性，也可以在类的方法中使用 self 作为前缀来定义变量实现实例属性的创建。需要注意的是，如果在类的方法中定义的变量没有使用 self 作为前缀声明，那么该变量就是一个普通的局部变量。

我们新建文件 demo7_3_1.py，重新定义类 Student，分别创建类属性和实例属性，观察其创建区别。

```
1   class Student:
2       name = "小张"  # 类属性 name
3       age = "18"     # 类属性 age
4
5       def __init__(self):
6           self.o_name = "小李"  # 实例属性 o_name
```

```
7            self.o_age = "20"      # 实例属性 o_age
8
9        def get_name(self):
10           info = "这个学生的名字是" + self.o_name  # 局部变量
11           print(info)
12
13       def get_age(self):
14           info = "这个学生的年龄为" + self.o_age + "岁"  # 局部变量
15           print(info)
```

在上述代码中，定义了类属性 name 和 age，并分别设置了初始值。接着在类的构造方法中定义了实例属性 o_name 和 o_age(o 是 object 的简称，后续代码中均以 o_为前缀标记实例属性或方法)，也分别设置了初始值。此外，在类的方法中声明了一个普通局部变量 info，用于打印信息。从属性定义的位置可以看出，类属性是位于类方法外部的，实例属性位于类方法内部，并且以 self 作为前缀。实例属性的定义也是 self 存在的重要意义，因为 self 表示的是实例对象自身，用 self 创建变量，就相当于为对象定义属性。

除此之外，当类创建好之后，还可以在类定义的外部创建类属性和实例属性。创建语法为：

```
类名.类属性名 = 初始值         # 在类外部创建类属性
对象名.实例属性名 = 初始值       # 在类外部创建实例属性
```

为体现区别，在类 Student 所在的 demo7_3_1.py 文件中，添加如下代码：

```
1    if __name__ == '__main__':
2        Student.sex = "男"        #创建类属性
3        student = Student()
4        student.o_sex = "女"       # 创建实例属性
```

上述代码位于类 Student 的外部，通过 Student.sex 定义了一个类属性 sex，表示学生性别。同时通过 Student()实例化出一个对象 student，接着通过 student.o_sex 定义了一个实例属性 o_sex，来表示该学生对象的性别。需要注意的是，通过该方法创建的实例属性，只能作用于该实例对象，而创建的类属性，可以作用于该类对象和其实例化的所有对象。接下来，我们通过属性的访问进行验证。

无论是类属性还是实例属性，都可以通过圆点运算符(.)和属性名来访问，具体语法为：

```
类名.类属性名             # 类对象 访问 类属性
对象名.类属性名            # 实例对象 访问 类属性
对象名.实例属性名          # 实例对象 访问 实例属性
```

通过语法也可以看出，通过类对象只能访问类属性，通过实例对象既可以访问类属性，也可以访问实例属性。接着在 if __name__ == '__main__'代码块中对 Student 类的属性进行访问，代码如下：

```
1    if __name__ == '__main__':
2        Student.sex = "男"      # 创建类属性
3        student = Student()
4        student.o_sex = "女"    # 创建实例属性
5
```

```
6          # 访问类定义时创建的属性
7          print("这是类属性 name 的值：" + Student.name)
8          print("这是实例属性 o_name 的值：" + student.o_name)
9          print("这是实例对象访问类属性 name 的值：" + student.name)
10
11         # 访问类外部创建的属性
12         student2 = Student()   # 实例化其他对象 student2
13         print("这是类外部定义的类属性 sex：" + Student.sex)
14         print("这是实例对象访问类外部定义的类属性 sex：" + student2.sex)
15         print("这是类外部定义的实例属性 o_sex：" + student.o_sex)
16         print("这是其他实例对象访问类外部定义的实例属性 o_sex：" + student2.o_sex)
```

在这段代码中，因为类 Student 有构造方法，实例属性的初始化在对象创建的时候就完成了。接着分别使用类对象和实例对象访问类属性和实例属性，最后结果如下：

```
这是类属性 name 的值：小张
这是实例属性 o_name 的值：小李
这是实例对象访问类属性 name 的值：小张
这是类外部定义的类属性 sex：男
这是实例对象访问类外部定义的类属性 sex：男
这是类外部定义的实例属性 o_sex：女
Traceback (most recent call last):
  File "D:\Python\chapter_7\demo7_3_1.py", line 42, in <module>
    print("这是其他实例对象访问类外部定义的实例属性 o_sex：" + student2.o_sex)
AttributeError: 'Student' object has no attribute 'o_sex'
```

从运行结果可以看出，类定义时创建的实例属性，所有实例对象都能访问，而类外部创建的实例属性，只有该实例对象可以访问。

2. 公有属性和私有属性

在其他程序设计语言中，常用修饰符来标识公有属性和私有属性，如 Java 的 private 和 public 访问修饰符。但是在 Python 语言中，并没有这些修饰符，是公有属性还是私有属性仅仅取决于属性的名称。如果函数、方法或者属性的名称以两个下划线(__)开始，则说明为私有类型，否则就是公有类型。

无论是公有属性还是私有属性，都可以在类定义时创建，创建时又可分为类属性和实例属性。如果已经完成类的定义，那么在类定义的外部只能创建公有属性。比如在类 Student 中增加私有属性：学号，具体代码见文件 demo7_3_2.py。

```
1    class Student:
2        name = "小张"  # 公有的类属性 name
3        __id = "001"  # 私有的类属性 __id
4
5        def __init__(self):
6            self.__o_id = "002"  # 私有的实例属性 __o_id
7            self.o_name = "小李"  # 公有的实例属性 o_name
8
9        def get_id(self):
10           print("这个学生的学号是" + self.__o_id)
```

```
11
12     def get_name(self):
13         info = "这个学生的名字是" + self.o_name    # 局部变量
14         print(info)
15
16  if __name__ == '__main__':
17      Student.sex = "男"        # 公有的类属性 sex
18      student = Student()
19      student.o_sex = "女"        # 公有的实例属性 o_sex
```

在上述代码中，定义了私有的类属性__id 和私有的实例属性__o_id，其他属性的名称都不是以两个下划线(__)开头的，故都为公有属性。由此可见，公有属性和私有属性在创建时，除了名称不同，没有其他区别。那分类的意义在哪里呢？

公有属性和私有属性的意义主要在于将某些属性标记为私有状态，不允许该数据在外部被访问，避免出现信息泄露或重要隐私数据被窜改等情况。所以其主要区别在于访问。属性的访问方式与其类型为类属性还是实例属性密切相关，因为类对象只能访问类属性，实例对象可以访问类属性和实例属性。以类 Student 中的私有类属性__id 和私有实例属性__o_id 为例。在类定义的内部，私有属性和公有属性的访问方式相同，具体为：

```
__id              # 在类方法外部访问类属性：类属性名
Student.__id      # 在类方法内部访问类属性：类名.类属性名
self.__o_id       # 在类方法内部访问实例属性：self.实例属性名
```

在类定义的外部，公有属性仍可以通过"类名.类属性名"或"对象名.实例属性名"的形式来访问，私有属性则不能。如果试图通过该形式来访问私有属性，系统就会发出 AttributeError 错误。

一般情况下，不允许也不提倡在类的外部访问类的私有属性。如果一定要在类的外部对类的私有属性进行访问，则必须使用一个新的属性名来访问该属性，这个新的属性名以一个下划线(_)开头，后跟类名和私有属性名。

以类 Student 为例，尝试在其外部打印私有属性的数据内容，具体代码见文件 demo7_3_2.py。

```
1    # 在类定义外部访问私有类属性
2    print("这是私有类属性__id 的值:  " + Student._Student__id)
3    # 在类定义外部访问私有实例属性
4    print("这是私有实例属性__o_id 的值:  " + student._Student__o_id)
```

在这段代码中，通过使用_Student 拼接私有类属性名__id 和私有实例属性名__o_id，实现在类定义外部对私有属性的访问。最后结果打印如下：

```
这是私有类属性__id 的值:  001
这是私有实例属性__o_id 的值:  002
```

3. 内置属性

在 Python 中，类提供了一些内置属性，用来管理类的内部关系。其中有些属性是类特有的，有些属性是类和对象都有的。具体如表 7-3 所示。

表 7-3　Python 类的内置属性

属　　性	含　　义
__name__	当前类的名字
__base__	当前类的父类
__bases__	当前类所有父类构成的元组
__dict__	类或对象的属性(包含一个字典，由类的数据属性组成)
__doc__	类或对象的文档字符串
__module__	类或对象所属的模块名

下面通过例子来学习内置属性如何使用，代码见文件 demo7_3_3.py。

```
1   class AttrClass:
2       """这是一个内置属性类"""
3       type = "内置属性"
4
5       def __init__(self):
6           self.info = "这是一个内置属性类"
7
8   if __name__ == '__main__':
9       attr_class = AttrClass()
10      print("使用__name__输出的类名: ", AttrClass.__name__)
11      print("使用__base__输出的父类: ", AttrClass.__base__)
12      print("使用__bases__输出的所有父类构成的元组: ", AttrClass.__bases__)
13      print("使用__dict__输出的实例属性字典: ", attr_class.__dict__)
14      print("使用__doc__输出的文档说明: ", attr_class.__doc__)
15      print("使用__module__输出的所属模块名: ", attr_class.__module__)
```

在上述代码中，定义了一个类 AttrClass，并且在类体中增加了描述信息"这是一个内置属性类"。接着在类定义的外部实例化了一个对象 attr_class。最后使用类对象或实例对象分别访问内置属性。执行结果如下：

```
使用__name__输出的类名: AttrClass
使用__base__输出的父类: <class 'object'>
使用__bases__输出的所有父类构成的元组: (<class 'object'>,)
使用__dict__输出的实例属性字典: {'info': '这是一个内置属性类'}
使用__doc__输出的文档说明: 这是一个内置属性类
使用__module__输出的所属模块名: __main__
```

任务活动 7.3.2　类的方法

定义类时，除了定义类的属性以外，还需要定义类的方法，以便对类的属性进行操作。同类的属性一样，类的方法也可以按照能否在类外部访问分为公有方法和私有方法，其定义的规则和调用方式与属性相同，此处不再重复。类的方法按照使用场景还可以分为类方法、实例方法、静态方法和内置方法。其中内置方法是由 Python 提供的具有特殊作用的方法；类方法和实例方法分别属于类对象和实例对象，而且至少需要定义一个参数；静态方法不需要定义参数。

1. 类方法和实例方法

在前面任务的示例中，我们已经知道定义类的方法与定义函数一样，必须使用 def 语句，而且在类定义时创建的基本函数，都至少需要一个参数，常用关键字 self 表示。这些基本函数都可以被类的实例对象调用，所以叫作实例方法。定义实例方法的语法格式如下：

```
def 方法名(self,...)
    方法体
```

定义实例方法后，只能通过对象名、圆点运算符(.)和方法名来调用它，其语法格式如下：

```
对象名.方法名([参数])
```

其中参数是除实例对象之外的其他参数。通过对象名调用实例方法时，当前实例对象会自动传入实例方法中。

类方法是类对象本身拥有的成员方法，通常可以用于对类属性进行修改。类方法与实例方法的区别在于，类方法需要使用@classmethod 指令来声明，而且第一个参数为类对象本身，常用关键字 cls 表示。其语法格式如下：

```
@classmethod
def 方法名(cls,...):
    方法体
```

定义类方法之后，可以通过类对象或实例对象来访问它，其语法格式如下：

```
类名.方法名([参数])
对象名.方法名([参数])
```

其中参数是除类对象之外的其他参数。不论使用哪种方式调用类方法，都不需要将类名作为参数传入，只需要传入其他参数，否则会出现 TypeError 错误。

接下来通过一个例子来对比类方法和实例方法的不同。具体代码见文件 demo7_3_4.py。

```
1    class MyClass:
2        # 实例方法
3        def object_func(self, name):
4            print("执行实例方法,self: %s,name: %s" % (self, name))
5
6        # 类方法
7        @classmethod
8        def class_func(cls, name):
9            print("执行类方法,cls: %s,name: %s" % (cls, name))
10
11   if __name__ == '__main__':
12       my_class = MyClass()
13       my_class.object_func("实例对象")      # 实例对象调用实例方法
14       my_class.class_func("实例对象")       # 实例对象调用类方法
15       MyClass.class_func("类对象")          # 类对象调用类方法
```

在上述代码中，定义了一个类 MyClass，它包含了一个实例方法 object_func()和一个类方法 class_func()，方法内部都是打印当前的参数调用信息。在类外部分别使用类对象和实例对象调用类方法，而实例方法只能使用实例对象调用。运行程序，执行结果如下：

```
执行实例方法,self: <__main__.MyClass object at 0x0000024610ADCD00>,name: 实
例对象
执行类方法,cls: <class '__main__.MyClass'>,name: 实例对象
执行类方法,cls: <class '__main__.MyClass'>,name: 类对象
```

上述结果表明，类方法隐含调用的参数是类，而实例方法隐含调用的参数是类的实例。

2. 静态方法

类中的静态方法既不属于类对象，也不属于实例对象，它只是类中的一个普通成员函数。与类方法和实例方法不同，静态方法需要使用@staticmethod 指令来声明，而且可以带任意数量的参数，也可以不带任何参数。其语法格式如下：

```
@staticmethod
def 方法名([参数])
    方法体
```

在定义类时，可以在类的静态方法中通过类名来访问类属性，但是不能访问实例属性。在类的外部，可以通过类对象或实例对象来调用静态方法，其语法格式如下：

```
类名.静态方法名([参数])
对象名.静态方法名([参数])
```

新建文件 demo7_3_5.py，重新定义类 MyClass，增加如下代码：

```
1   class MyClass:
2       # 静态方法
3       @staticmethod
4       def static_func(a, b):
5           print("执行静态方法, a: %s,b: %s" % (a, b))
6
7   if __name__ == '__main__':
8       my_class = MyClass()
9       my_class.static_func(3, 4)   # 实例对象调用静态方法
10      MyClass.static_func(3, 4)    # 类对象调用静态方法
```

在这段代码中，声明了一个静态方法 static_func()，接着在类外部，分别使用类对象和实例对象调用该静态方法。运行程序，执行结果如下：

```
执行静态方法, a: 3,b: 4
执行静态方法, a: 3,b: 4
```

从上述结果来看，使用类对象和实例对象都能成功访问静态方法，而且调用时没有隐含参数。

3. 内置方法

从前面所学的知识可以知道，类方法、实例方法和静态方法都是需要自定义方法名和方法体的。除了这些方法，Python 还提供了一些预设好的内置方法，这些方法通常由特定的操作触发，不需要显式调用，它们的命名也有特殊的约定。前面学习的构造方法__init__()就是其中一个，下面再介绍几个常用的内置方法。

1) __del__()方法

__del__()方法是 Python 中的析构方法，在程序中起释放被占用资源的作用。析构方法

会在对象被删除之前自动调用，不需要显式调用。在程序中对象被删除的情况主要有两种：
程序运行结束和创建对象的某个作用域(如函数)执行结束。在这些情况下，析构方法会被调
用，用来释放内存空间。析构方法也支持重载，可用来执行一些释放资源的自定义操作。

以 demo7_3_6.py 的类 Person 为例，演示__del__()方法的用法，代码如下：

```
1   class Person:
2       count = 0    # 类属性
3
4       def __init__(self, name, age):
5           self.name = name
6           self.age = age
7           Person.count += 1  # 类属性访问
8           print("创建名称为%s 的对象；当前一共有%s 个对象。" % (name,
    Person.count))
9
10      def __del__(self):
11          Person.count -= 1
12          print("删除名称为%s 的对象；当前还有%s 个对象。" % (self.name,
    Person.count))
13
14  # 外部的普通函数
15  def local_func(name, age):
16      ''' 在函数中创建对象 '''
17      print("函数调用开始")
18      p = Person(name, age)
19      print("函数调用结束")
20
21  if __name__ == '__main__':
22      print("程序运行开始")
23      person = Person("小张", "20")
24      local_func("小李", "19")
25      print("程序运行结束")
```

在上述代码中，定义类时创建了一个类属性 count,用于记录当前实例对象的个数。在构
造方法__init__()中对该类属性进行加 1 操作，实现每创建一个对象，对象总数就加 1,并记
录新创建的对象名称和当前对象数量。在析构方法__del__()中对该类属性 count 进行减 1 操
作，实现每删除一个对象，对象总数就减 1。同时在主程序和 local_func()函数中实例化对象，
构造出对象被删除的两种情况：程序运行结束和创建对象的函数调用结束。以下是代码执
行的结果。

```
程序运行开始
创建名称为小张的对象；当前一共有 1 个对象。
函数调用开始
创建名称为小李的对象；当前一共有 2 个对象。
函数调用结束
删除名称为小李的对象；当前还有 1 个对象。
程序运行结束
删除名称为小张的对象；当前还有 0 个对象。
```

从结果中可以看到,虽然没有调用__del__()方法,但是函数调用结束和程序运行结束后,

都自动调用了析构方法。

2) __new__()方法

__new__()方法在创建对象时被调用，返回当前对象的一个实例。它和__init__()方法非常相似，要注意区分。实际上，__init__()方法执行在__new__()方法之后，是对__new__()方法创建的对象实例进行初始化。接下来通过一个例子来说明，具体代码见文件demo7_3_7.py。

```
1   class Person:
2       def __init__(self):
3           print("这是__init__方法,参数: ", self)
4
5       def __new__(cls):
6           print("这是__new__方法, 参数: ", cls)
7
8   if __name__ == '__main__':
9       person = Person()
```

在上述代码中，定义类时重载了内置方法__init__()和__new__()。执行代码，输出结果如下：

```
这是__new__方法, 参数: <class '__main__.Person'>
```

从结果可以看出，对象创建的时候只调用了__new__()方法，而且方法参数是类对象。这是因为对象创建时，调用的是__new__()方法，然后在其内部调用__init__()方法。在该例中我们重写了__new__()方法，未在方法中调用__init__()方法，因此__init__()方法没有起任何作用。所以要谨慎重写__new__()方法。

3) __str__()方法

__str__()方法的主要作用是格式化对象的打印内容，即执行 print()方法时的显示内容。默认显示内容如下：

```
<__main__.Person object at 0x00000171410F3FD0>
```

默认内容主要包括：实例在哪里定义(__main__)、类名(Person)、存储实例的内存位置(object at 0x00000171410F3FD0)。如果希望对象显示其他内容，就可以重写__str__()方法。以文件 demo7_3_8.py 的代码为例。

```
1   class Person:
2       def __init__(self, name, age):
3           self.name = name
4           self.age = age
5
6       def __str__(self):
7           return "你好! 我的名字是%s, 今年%s 岁。" % (self.name, self.age)
8
9   if __name__ == '__main__':
10      person = Person("小张", "20")
11      print(person)
```

执行程序，运行结果为：

你好！我的名字是小张，今年 20 岁。

从结果可以看出，__str__()方法虽然没有被显式调用，但是在使用 print()方法打印对象信息的时候，会自动调用__str__()方法，将其返回的结果打印出来。

任务活动 7.3.3　实施步骤

通过对上述知识点的学习，我们对类的属性和方法有了系统的认识，也明确了私有类型和公有类型的区别，接下来根据图 7-2 所示的学生管理类结构实现学生管理类。具体操作步骤如下。

(1)　打开项目 project_7，新建一个 Python 文件，命名为 student_manager.py，如图 7-6所示。

图 7-6　新建文件 student_manager.py

(2)　在文件 student_manager.py 中定义一个新类 StudentManager，用于封装学生管理对象。根据图 7-2 所示的学生管理类结构，使用模块的方法引入学生类，将其作为学生管理类的基本操作对象；同时将结构中的一级方法设置为公有方法，二级方法因嵌套于一级方法中，设置为私有方法，防止外部访问。最后编写该类的属性和方法，具体代码如下。

```
1   # encoding:utf-8
2   from student import Student
3
4   class StudentManager():
5       def __init__(self):
6           self.stu_list = []
7
8       def add_stu(self):
9           sid = input("请输入学生的学号：  ")
10          name = input("请输入学生的姓名：  ")
11          cls = input("请输入学生的班级：  ")
12          chinese = int(input("请输入学生的语文成绩：  "))
13          math = int(input("请输入学生的数学成绩：  "))
14          english = int(input("请输入学生的英语成绩：  "))
15          stu = Student(sid, name, cls, chinese, math, english)
16          self.stu_list.append(stu)
17          print("添加学生成功")
18          # print("学号\t 姓名\t 班级\t 语文\t 数学\t 英语")
19          print(stu)
20
21      def show_stu_list(self):
22          # print("学号\t 姓名\t 班级\t 语文\t 数学\t 英语")
23          for stu in self.stu_list:
```

```
24              print(stu)
25
26      def find_stu(self):
27          f_type = input("请输入你想查找学生的方式：【id:按学号查找，name:按姓名
查找】")
28          if f_type.lower() == "id":
29              sid = input("请输入想要查找的学生的学号：")
30              self.__find_stu_by_id(sid)
31          elif f_type.lower() == "name":
32              name = input("请输入想要查找的学生的姓名：")
33              self.__find_stu_by_name(name)
34          else:
35              print("输入错误，请重新输入")
36
37      def __find_stu_by_id(self, sid):
38          for i in range(len(self.stu_list)):
39              stu = self.stu_list[i]
40              if stu.sid == sid:
41                  # print("学号\t姓名\t班级\t语文\t数学\t英语")
42                  print(stu)
43                  return i
44          print(f"没有学号为：{sid}的学生存在。")
45          return -1
46
47      def __find_stu_by_name(self, name):
48          for i in range(len(self.stu_list)):
49              stu = self.stu_list[i]
50              if stu.name == name:
51                  # print("学号\t姓名\t班级\t语文\t数学\t英语")
52                  print(stu)
53                  return i
54          print(f"没有姓名为：{name}的学生存在。")
55          return -1
56
57      def delete_stu(self):
58          sid = input("请输入想要删除的学生的学号：")
59          index = self.__find_stu_by_id(sid)
60          if index != -1:
61              del self.stu_list[index]
62              print("恭喜你删除成功！")
63
64      def modify_stu(self):
65          sid = input("请输入想要修改的学生的学号：")
66          index = self.__find_stu_by_id(sid)
67          if index != -1:
68              print("接下来，请输入修改内容")
69              sid = input("请输入学生的学号：")
70              name = input("请输入学生的姓名：")
71              cls = input("请输入学生的班级：")
72              chinese = int(input("请输入学生的语文成绩："))
73              math = int(input("请输入学生的数学成绩："))
```

```
74              english = int(input("请输入学生的英语成绩:  "))
75              stu = Student(sid, name, cls, chinese, math, english)
76              self.stu_list[index] = stu
77              print("学生信息修改成功")
78              # print("学号\t 姓名\t 班级\t 语文\t 数学\t 英语")
79              print(stu)
80
81      def sort_stu(self):
82          s_type = input("请输入你想排序的方式:【id:按学号升序,score:按总成绩
降序】 ")
83          if s_type.lower() == "id":
84              self.__sort_stu_by_id()
85          elif s_type.lower() == "score":
86              self.__sort_stu_by_score()
87          else:
88              print("输入错误,请重新输入")
89
90      def __sort_stu_by_id(self):
91          self.stu_list.sort(key=lambda stu: float(stu.sid))
92          self.show_stu_list()
93
94      def __sort_stu_by_score(self):
95          self.stu_list.sort(key=lambda stu: stu.get_total_score(), reverse=True)
96          self.show_stu_list()
97
98      def count_stu(self):
99          s_num = len(self.stu_list)
100         print(f"学生总人数为: {s_num}")
101
102 if __name__ == "__main__":
103     stuManager = StudentManager()
104     stuManager.add_stu()
```

(3) 上述代码的 main 分支中已包含类的实例化测试,执行文件,输出结果如图 7-7
所示。

图 7-7　程序运行结果

【任务评估】

本任务的任务评估表如表 7-4 所示，请根据学习实践情况进行评估。

表 7-4　自我评估与项目小组评价

任务名称					
小组编号		场地号		实施人员	
自我评估与同学互评					
序　号	评　估　项	分　值	评估内容		自我评价
1	任务完成情况	30	按时、按要求完成任务		
2	学习效果	20	学习效果符合学习要求		
3	笔记记录	20	记录规范、完整		
4	课堂纪律	15	遵守课堂纪律，无事故		
5	团队合作	15	服从组长安排，团队协作意识强		
自我评估小结					

任务小结与反思：通过完成上述任务，你学到了哪些知识或技能？

组长评价：

任务 7.4　学生成绩管理系统——面向对象三大特性

【任务描述】

面向对象编程思维是从对象的角度出发，以对象的交互或组合实现问题的解决，具有提升代码可扩展性和可复用性的优势。根据前面任务的进展，学生成绩管理系统的两个主要类——学生类和学生管理类都已经得到实现，接下来将学生类和学生管理类封装起来，如图 7-8 所示，利用它们提供的属性和方法实现学生成绩管理系统。

学生成绩
管理系统

图 7-8　学生成绩管理系统界面

【任务分析】

面向对象其实就是一种封装代码的方法，相较于之前的函数、列表等更为先进。它以对象的思维解析问题，将系统的功能分解为对象之间的交互或组合，如录入学生信息，即为学生管理类的属性(学生列表)增加数据。所有面向对象程序设计语言都有封装、继承和多态三种特性，Python 也不例外，这也是面向对象能够实现复杂系统功能的主要原因。所以在使用面向对象编程思维实现学生管理系统之前，需要掌握这三大特性在 Python 中是如何体现的，应该如何使用。最后充分利用这三大特性实现学生成绩管理系统。

【任务实施】

任务活动 7.4.1　封装

封装是指将对象的状态信息隐藏在对象内部。可以认为是一个保护屏障，不允许外部程序直接访问对象内部信息，必须使用该类提供的方法来访问或操作。封装本质上是将对象看作一个黑盒，外界只需要使用其提供的对外接口，不用关心内部实现。在 Python 中，封装是通过公有类型和私有类型来实现的，即将对象的内部信息使用私有属性或私有方法创建，不允许外部直接访问，而对于外部可以使用的方法和属性，就直接使用公有类型创建。

以动物类为例，新建文件 demo7_4_1.py，编写类 Animal，具体代码如下：

```
1    class Animal:
2        def __init__(self, name, age):
3            self.__name = name  # 私有属性
4            self.age = age  # 公有属性
```

```
5
6       def get_name(self):        #私有属性可读不可改
7           return self.__name
8
9       def __get_info(self):      #私有方法
10          print("%s 的年龄是 %s 岁。" % (self.__name, self.age))
11
12
13  if __name__ == '__main__':
14      animal = Animal("Tom", 2)
15      print("动物的名字是：%s 。" % animal.get_name())
16      print("动物的年龄是：%s 岁。" % animal.age)
17      animal._Animal__get_info()
```

在这段代码中，定义了一个动物类 Animal，并定义了两个属性__name 和 age，其中
__name 为私有属性，表示不能任意更改姓名。因为姓名是私有属性不能在类外部访问，所
以定义了一个 get_name()方法用于外部读取姓名，同时定义了一个私有方法__get_info()。接
着创建对象 animal，并读取对象的姓名、年龄和综合信息。执行结果如下：

```
动物的名字是：Tom 。
动物的年龄是：2 岁。
Tom 的年龄是 2 岁。
```

从结果中可以看出，因为年龄是公有属性，所以可以直接读取；姓名是私有属性，需
通过类提供的公有方法 get_name()间接访问；综合信息是私有方法，不建议访问，实在需要
可以使用与类名拼接的新方法名访问。

任务活动 7.4.2　继承

在现实生活中，子女会继承爸妈的一些特征，并且拥有自己的特色。在 Python 中类的
继承也是如此。类的继承是指在一个已有类的基础上定义一个新类。新类可以通过继承取
得已有类的所有属性和方法，也可以对这些方法进行覆盖和重写，还可以添加一些新的属
性和方法。这个已有的类称为父类(或基类、超类)，新类称为子类(或派生类)。

Python 支持多重继承，一个子类可以继承 1 个或多个父类，继承的语法格式如下：

```
class 子类类名(父类 1[,父类 2,...]):
    类体
```

其实，在没有指定父类的类定义中，也是存在继承关系的，它的默认父类是 object 类。
object 类是所有类的父类，里面定义了一些所有类共有的默认属性和方法。

接下来，我们在文件 demo7_4_2.py 中重新定义 Animal 类，并通过继承创建 Cat 子类，
具体代码如下：

```
1   class Animal:
2       def __init__(self, name, age):
3           self.__name = name  # 私有属性
4           self.age = age  # 公有属性
5
6       def get_name(self):
```

```
7          return self.__name
8
9   class Cat(Animal):
10      def __init__(self, name, age, color):
11          # 等价于 Animal.__init__(self, name, age)
12          super(Cat, self).__init__(name, age)
13          self.color = color
14
15  if __name__ == '__main__':
16      cat = Cat("Tom", 2, "白色")
17      print("小猫的名字是: %s 。" % cat.get_name())
```

在上述代码中，基于 Animal 类定义了一个新类 Cat，而且重写了构造方法__init__()，新增了属性 color。接着创建了对象 cat，并使用父类的方法 get_name()获取小猫的名字。执行结果如下：

小猫的名字是: Tom 。

从结果中可以看出，虽然类 Cat 中没有定义实例属性__name 和实例方法 get_name()，但仍然能够正常使用和显示。这是因为它继承了父类 Animal 的所有属性和方法。而且重要的一点是：在类 Cat 的构造方法中调用了父类的构造方法，否则__name 和 age 这两个实例属性会因为被重写覆盖而不会被创建。

调用父类的方法有两种：一种是直接使用"类名.方法名(参数)"；另一种是使用 super()方法，先通过当前类获取父类，再去调用父类的方法。建议使用 super()方法，这样如果需要修改父类，代码改动量也较少。需要注意的是，使用 super()方法后，实例方法或类方法的第一个参数不用传递，而使用父类名的方式，需要传递。

任务活动 7.4.3　多态

多态是面向对象的一个重要特征，从字面上理解就是多种形态的意思。在 Python 中，多态也是通过继承来体现的。简单来说，就是调用相同的父类方法，对象会因为从属于不同的子类，得出不同的结果。

我们以类 Animal 的继承关系为例，学习多态是如何体现的。具体代码见文件 demo7_4_3.py。

```
1   class Animal:
2       def __init__(self, name):
3           self.name = name
4
5       def talk(self):
6           """定义动物说话的方式"""
7           print("%s 在叫" % self.name)
8
9
10  class Cat(Animal):
11      def talk(self):
12          """Cat 是这样说话的"""
13          print("%s 在叫,喵喵喵..." % self.name)
14
```

```
15
16   class Dog(Animal):
17       def talk(self):
18           """Dog是这样说话的"""
19           print("%s 在叫,汪汪汪..." % self.name)
20
21
22   class Duck(Animal):
23       def talk(self):
24           """Duck是这样说话的"""
25           print("%s 在叫,嘎嘎嘎..." % self.name)
26
27   if __name__ == '__main__':
28       cat = Cat("猫咪")
29       cat.talk()
30       dog = Dog("小狗")
31       dog.talk()
32       duck = Duck("小鸭子")
33       duck.talk()
```

在这段代码中,一共定义了四个类,包括一个父类 Animal,以及 Cat、Dog、Duck 三个子类。父类中主要创建了一个实例属性 name 和实例方法 talk(),用来定义动物的姓名和说话方式。子类则是重写父类的方法 talk(),定义各自不同的说话方式。接着分别创建子类的对象,并调用 talk()方法。最后执行结果如下:

```
猫咪 在叫,喵喵喵...
小狗 在叫,汪汪汪...
小鸭子 在叫,嘎嘎嘎...
```

从结果中可以看出,虽然子类对象调用的都是 talk()方法,但因为各子类对该方法进行了不同的重写,所以输出的结果有所不同,这就是多态。相同的方法,针对不同的子类实例,拥有不同的形态和行为。

任务活动 7.4.4　实施步骤

通过对上述知识点的学习,我们掌握了封装、继承、多态这三大特性在面向对象编程思维中的意义,同时也明确了它们在 Python 语言中的实现方式。接下来,基于封装特性,根据图 7-8 所示的系统界面图实现学生成绩管理系统。具体操作步骤如下。

(1) 打开项目 project_7,新建一个 Python 文件,命名为 main.py,如图 7-9 所示。

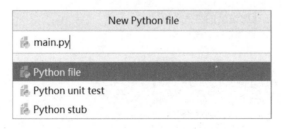

图 7-9　新建文件 main.py

(2)　在文件 main.py 中引入学生管理类 StudentManager，通过调用它提供的公用方法实现系统功能；同时定义两个函数 main()和 menu()，一个作为系统的主程序，一个用于打印系统界面的信息，如图 7-10 所示。

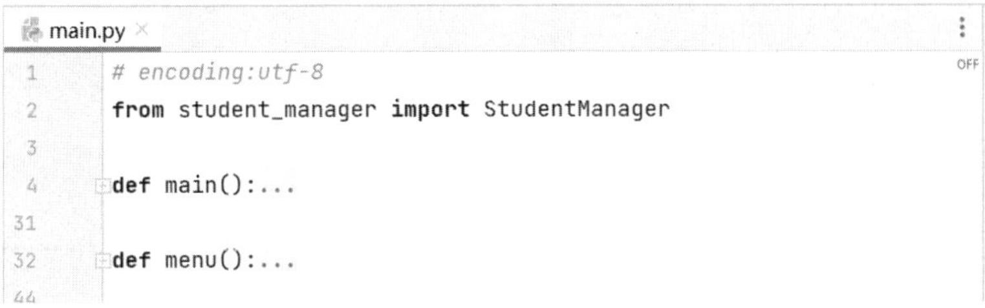

图 7-10　文件 main.py 的内容

(3)　在主程序 main()中，使用循环结构和选择结构，通过判断用户输入的内容，调用学生管理类中对应的方法，实现系统功能，具体代码如下。

```
1   # encoding:utf-8
2
3   from student_manager import StudentManager
4
5   def main():
6       stu_manager = StudentManager()
7       while True:
8           menu()
9           choice = int(input("请选择： "))
10          if choice in [0, 1, 2, 3, 4, 5, 6, 7]:
11              if choice == 0:
12                  answer = input("你确定要退出吗？ y/n  ")
13                  if answer == 'y' or answer == "Y":
14                      print("谢谢使用！ ")
15                      break
16                  else:
17                      continue
18              elif choice == 1:
19                  stu_manager.add_stu()
20              elif choice == 2:
21                  stu_manager.delete_stu()
22              elif choice == 3:
23                  stu_manager.modify_stu()
24              elif choice == 4:
25                  stu_manager.find_stu()
26              elif choice == 5:
27                  stu_manager.sort_stu()
28              elif choice == 6:
29                  stu_manager.count_stu()
30              else:
31                  stu_manager.show_stu_list()
32
33  def menu():
```

```
34        print("===================== 学 生 成 绩 管 理 系 统
=======================")
35        print("===================== 功 能 菜 单
==========================")
36        print("\t\t1、录入学生信息")
37        print("\t\t2、删除学生信息")
38        print("\t\t3、修改学生信息")
39        print("\t\t4、查找学生信息")
40        print("\t\t5、重新排列学生信息")
41        print("\t\t6、统计学生人数")
42        print("\t\t7、显示所有学生信息")
43        print("\t\t0、退出系统")
44
print("------------------------------------------------------------")
45
46  if __name__ == "__main__":
47        main()
```

(4) 上述代码的 main 分支中已包含主程序 main()的调用，直接执行该文件，即可启动系统。操作录入学生信息的显示结果如图 7-11 所示，大家也试试其他功能吧！

图 7-11　程序运行结果

学生管理系统 1　　　　学生管理系统 2

【任务评估】

本任务的任务评估表如表 7-5 所示，请根据学习实践情况进行评估。

表 7-5　自我评估与项目小组评价

任务名称					
小组编号		场地号		实施人员	
自我评估与同学互评					
序　号	评 估 项	分　值	评 估 内 容		自我评价
1	任务完成情况	30	按时、按要求完成任务		
2	学习效果	20	学习效果符合学习要求		
3	笔记记录	20	记录规范、完整		
4	课堂纪律	15	遵守课堂纪律，无事故		
5	团队合作	15	服从组长安排，团队协作意识强		
自我评估小结					
任务小结与反思：通过完成上述任务，你学到了哪些知识或技能？ 组长评价：					

项 目 总 结

【项目实施小结】

在目前的软件开发领域有两种主流的开发方法，分别是面向过程编程和面向对象编程。例如，C、Basic 等早期的编程语言就是面向过程编程语言。随着软件开发技术的发展和进步，人们发现面向对象编程可以为代码提供更好的可重用性、可扩展性和可维护性，于是催生了大量的面向对象编程语言，例如 C++、Java 和 Python 等。Python 语言在设计之初，就定位为一门面向对象的编程语言。Python 中"一切皆对象"就是对 Python 这门编程语言的完美诠释。类和对象是面向对象的重要特征，相比其他面向对象语言，Python 可以很容易地创建出一个类或对象。同时，Python 也支持面向对象的三大特征：封装、继承和多态。不是说一门面向对象编程语言就只能使用面向对象编程思维进行代码开发。其实在前面项目的学习中，我们的代码实现都是以面向过程编码为主的，它将程序需求自上而下、从大到小逐步分解成较小的单元，或称为模块，然后通过模块之间的互相调用实现功能。本项目以学生成绩管理系统为依托，从系统设计出发，抽象出学生类和学生管理类，充分利用面向对象的封装特性实现系统功能。综合来看，面向过程编程思维强调的是这一步做什么，而面向对象编程思维强调的是这一步应该由谁来做。我们每个人都是大自然中的一个对象，我们不论在学习中还是在生活中也可以参考面向对象编程思维，专注于自身，反思自己能为企业、社会提供什么属性和方法，在此基础上精益求精，丰富自己，扩展自己的对外接口。

下面请读者根据项目所学内容，从本项目实施过程中遇到的问题、解决办法以及收获和体会等各方面进行认真总结，并形成总结报告。

【举一反三能力】

1. 通过查阅资料，了解面向过程编程思维在什么情况下会用于写大规模程序，总结面向对象编程思维有什么缺点。

2. 通过查阅资料，了解 Python 类的内置方法还有哪些，作用是什么。

3. 通过查阅资料，描述类属性和实例属性的共同点和不同点，分析它们的使用场景有什么区别。

4. 通过查阅资料和代码实践，探索 Python 多重继承的意义是什么；当多个父类具有相同属性和方法时，多重继承是如何进行选择的。

【对接产业技能】

1. 理解面向对象编程思维，能够对系统功能进行分析和抽象，设计出系统应该包含的对象及其属性和方法。

2. 正确使用 Python 提供的面向对象编程方法，如类、对象、继承等，以完成系统功能的编码实现。

3. 程序开发过程中，需要充分考虑代码的可扩展性和可复用性，关注代码质量，提高工作效率。

项目拓展训练

【基本技能训练】

通过项目学习，回答以下问题。

1. 类定义使用的关键字是什么？

2. 面向对象的三大特性是什么？

3. 类的私有属性和公有属性是如何区别的？

4. 类定义时，self 的作用是什么？

5. __init__()方法的作用是什么？

6. 在使用 print()打印实例化对象时，哪个方法可以自定义对象的显示信息？

7. 类方法、实例方法、静态方法三者之间的区别是什么？

8. 与面向过程编程相比，面向对象编程有什么优势？

9. Python 类继承的语法是什么？

10. 为什么不同的对象调用相同的方法会产生不同的结果？

【综合技能训练】

1. 根据项目学习、生活观察和资料收集，在本项目学生成绩管理系统的基础上，增加国际学生类。该类与学生类的属性和方法基本相似，需要增加国籍属性，并修改信息显示结果为英文。

2. 根据项目学习、生活观察和资料收集，实现一个面积计算器，支持的图形包括正方形、矩形、圆形。

项 目 评 价

【评价方法】

对本项目学习的评价采用自我评价、小组评价、教师评价相结合的评价方式，分别从项目实施、核心任务完成、拓展训练三个方面进行。

【评价指标】

本项目的评价指标体系如表 7-6 所示，请根据学习实践情况进行打分。

表 7-6　项目评价表

		项目名称		项目承接人		小组编号		
		Python 面向对象编程						
项目开始时间		项目结束时间		小组成员				
评价指标			分值	评价细则		自我评价	小组评价	教师评价
项目实施情况 (20分)	纪律情况 (5分)	项目实施准备	1	准备书、本、笔、设备等				
		积极思考回答问题	2	视情况评分				
		跟随教师进度	2	视情况评分				
		违反课堂纪律	0	此为否定项，如有违反，根据情况直接在总得分基础上扣 0～5 分				
	考勤 (5分)	迟到、早退	5	迟到、早退者，每项扣2.5分				
		缺勤	0	此为否定项，如有违反，根据情况直接在总得分基础上扣 0～5 分				
	职业道德 (5分)	遵守规范	3	根据实际情况评分				
		认真钻研	2	依据实施情况及思考情况评分				
	职业能力 (5分)	总结能力	3	按总结的全面性、条理性进行评分				
		举一反三能力	2	根据实际情况评分				
核心任务完成情况 (60分)	Python 面向对象编程 (40分)	面向对象	3	掌握面向对象的重要概念				
			2	理解面向对象的三大特点				
			2	能区分面向过程和面向对象				
		类和对象	4	能实现类的定义				
			4	能创建实例化对象				
			2	理解 self 的意义				
			2	能使用构造方法初始化实例对象				
		类的属性与方法	4	能区分类属性和实例属性				
			4	能定义和使用公有属性和私有属性				
			2	能区分类方法、实例方法和静态方法				
			2	能使用类的内置方法				

评价指标			分值	评价细则	自我评价	小组评价	教师评价
核心任务完成情况(60 分)	Python 面向对象编程(40 分)	面向对象三大特性	3	掌握封装特性的实现			
			3	掌握继承特性的实现			
			3	掌握多态特性的实现			
	综合素养(20 分)	语言表达	5	互动、讨论、总结过程中的表达能力			
		问题分析	5	问题分析情况			
		团队协作	5	实施过程中的团队协作情况			
		工匠精神	5	敬业、精益、专注、创新等			
拓展训练情况(20 分)	基本技能和综合技能(20 分)	基本技能训练	10	基本技能训练情况			
		综合技能训练	10	综合技能训练情况			
总分							
综合得分(自我评价 20%，小组评价 30%，教师评价 50%)							
组长签字：				教师签字：			

参 考 文 献

[1] Eric Matthes. Python 编程：从入门到实践[M]. 2 版. 北京：人民邮电出版社，2023.

[2] 小甲鱼. 零基础入门学习 Python：微课视频版[M]. 2 版. 北京：清华大学出版社，2019.

[3] 叶维忠. Python 编程从入门到精通[M]. 北京：人民邮电出版社，2018.

[4] 明日科技. Python 程序设计：慕课版[M]. 北京：人民邮电出版社，2021.

[5] 黑马程序员. Python 快速编程入门[M]. 2 版. 北京：人民邮电出版社，2020.

[6] 唐万梅. Python 程序设计案例教程：微课版[M]. 北京：人民邮电出版社，2023.